思维方式

[日] 稻盛和夫 著
曹寓刚 译 曹岫云 审校

人民东方出版传媒
People's Oriental Publishing & Media
東方出版社
The Oriental Press

图书在版编目（CIP）数据

思维方式：口袋版 /（日）稻盛和夫 著；曹寓刚 译. — 北京：东方出版社，2018.1
ISBN 978-7-5060-9915-8

Ⅰ. ①思… Ⅱ. ①稻…②曹… Ⅲ. ①人生哲学 Ⅳ. ①B821

中国版本图书馆 CIP 数据核字（2017）第258046号

思维方式（口袋版）
（SIWEI FANGSHI）

作　　者：［日］稻盛和夫
译　　者：曹寓刚
审　　校：曹岫云
责任编辑：贺　方
出　　版：东方出版社
发　　行：人民东方出版传媒有限公司
地　　址：北京市东城区朝阳门内大街166号
邮　　编：100010
印　　刷：北京汇瑞嘉合文化发展有限公司
版　　次：2018年1月第1版
印　　次：2025年6月第11次印刷
印　　数：88001—91000册
开　　本：880毫米 × 1230毫米 1/64
印　　张：4.125
字　　数：106千字
书　　号：ISBN 978-7-5060-9915-8
定　　价：48.00元
发行电话：（010）85924663　85924644　85924641

推荐序

相信自己的无限的可能性

稻盛哲学的核心可以用下述方程式表达：

人生·工作的结果＝思维方式 × 热情 × 能力

–100～+100　0～100　0～100

方程式中的“思维方式”是指人的价值观或者人的思想品格。因为它有正负之分，所以它决定了方程式中其他两个要素——“能力”和“热情（努力）”发挥的方向，决定了方程式的结果，所以它是方程式的灵魂。

人生·工作的结果的方程式又叫成功方程式。它不仅适用于每个个人，而且适用于每个组织，包括每个国家。

我们的人生之所以波澜起伏，之所以事不遂愿，同时这个世界之所以混乱，之所以纷争不断，往往就是因为方程式中的“思维方式”出了问题。然而，很多人，包括很多领导在内，对“思维方式”的极端重要性缺乏足够的认识。归根结底，问题就在这里。

稻盛和夫在《思维方式》这本书中，分9章27条，具体地论述了作为人应该有的正确的“思维方式”。这是稻盛先生一生亲身实践的心血的结晶。

同时，稻盛先生论述的“思维方式”体现了他对人生，乃至对人类历史和人类社会本质的深刻洞察。从这个意义上讲，我认为：稻盛先生代表了人类的良知和睿智。

怎样才能掌握优秀的思维方式，并且与组织的全体成员共同拥有并切实实践这种思维方式呢？许多朋友提出了这个问题。

我想，有一条行之有效的经验。如果您仔细阅读《思维方式》这本书，并认真体味字里行间透出的宝贵思想，您一定能获得许多有益的启示。

但我建议您牢牢抓住让您感触最深的一条，立即付诸行动，并彻底实践，不屈不挠，坚持到底。

本书对我触动最深的一条是第二章中的第一条："追求人的无限的可能性"。京瓷哲学78条中也有这一条。日语原文是"人間の無限の可能性を追求する"。日语的"人間"这个词可以翻译成"人类"、"人"或"人世间"。我们过去把这句话翻译成"追求人类的无限的可能性"。这当然不能说错。但正因为是"人类"，不是我个人，因而我觉得这一条离我很远。另外，我也一直不相信自己拥有"无限的可能性"。

这同我自己先天的资质不佳有关。小学时代我玩心很重，考无锡市一中落榜，只考上区里的一所新办的初中。虽然不久被选为班长，但很快我就发现了自己的弱点：坐在我旁边的一位同学画动物、画人物、画什么都像，我却画什么都画不好；上音乐课，有的同学没练几遍就唱得很有节奏感，我却怎么唱也不靠谱；上体育课，有的同学跑得快、跳得远，做体操动作优美，我的运动神经很差，只能站在一旁欣赏别人。到高中、大学连篮球也不会打，别的就更不必说了。我的空间概念极差，动手能力属于低能，机械制图学起来非常吃力。直到现在我还会做梦，梦见绘图考试时我手足无措的窘境，甚至在梦中惊出一身冷汗。后来办企业了，技术理所当然是我的软肋。

所以别说什么“无限的可能性”，就连“有限的可能性”我觉得自己也很小很小。

但是稻盛先生却明白无误地告诉我们：

“神灵分别赋予了每个人神奇且无限的可能性。区别仅仅在于，有的人发挥了这种可能性，有的人却没有发挥。”

稻盛先生举出了100多年前英国著名探险家欧内斯特·沙克尔顿的故事。

这里所指的明明是“每个人”而不是整个“人类”。对照上述人生方程式，我忽然有一种醍醐灌顶的感觉，几十年来笼罩在我心头的自卑感、劣等感乃至一切疑虑一下子烟消云散了。

我虽然有自己的短处和弱项，但上天也给了我长处和强项，首先可以扬长避短。更重要的是，在这个方程式中，哪怕我先天的“能力”只能打30分、40分，但只要把“思维方式”和“热情（努力）”的分数尽量做大，三者的乘积仍然可以足够大。而这两项不是靠上天，完全可以依靠我自己的努力。另外，只要努力，后天的能力也可以提升。

领悟到这一点，我立即做了有生以来最深刻的反省。过去很多时候我之所以碌碌无为，没有什么出息，原来是因为自己用先天低能为借口，老犯“冷热病”，时而努力，时而又放松努力；时而注意修身，时而又放松修身。如果自己的潜意识里具备劣等感，内心深处不相信自己拥有无限的可能性，哪怕是半信半疑、七信三疑，甚至九信一疑，那么，自己的行动必然动摇。人对于自己不相信、不坚信的事情，不可能全力以赴、全神贯注、坚忍不拔干到底。正如稻盛先生在书中所说：“一瞬的徘徊、犹豫、疑虑，都会让无限的可能性枯萎。”上天赐予的无限的可能性就会白白错过，付诸东流。

意识到这一点，我不禁悚然而惊，而且立即调整心态，把手头要翻译和审译的几本书尽快做完。另外，把我多年来的夙愿——至少写完三本书。我已年过七十，时不我待，趁着头脑清楚、精力尚可之际，尽快把想做的事做完。

忽然想起鲁迅先生想写杨贵妃而因早逝等原因不能如愿。所谓“出师未捷身先死，长使英雄泪满襟”，我有了一种紧迫感。

另外，“相信人的无限的可能性”最重要的是相信良知的力量。“良知”这个词，稻盛先生有时用“良心”来表达，有时用“爱、真诚与和谐”来表达，有时用“真善美”三个字来表达。我们每个人的“良知”或者说“真善美”都一样，不比稻盛先生少一分，不比稻盛先生差一点。稻盛先生与我们的差别在于：从年轻时起，他就觉悟到了自己的良知和真善美，并竭力将它发扬光大。而我们往往缺乏这样的觉悟。

稻盛先生看到人心的弱点，或者说人性“假丑恶”的一面，为了防止舞弊和腐败的发生，从保护干部员工的愿望出发，稻盛先生制定了“双重确认”“一一对应”“玻璃般透明”等工作原则及详尽的规章制度。这与西方强调规则制度，立足于“性恶说”的理论没有区别。然而仅仅是“性恶说”，结果必然是“建立制度规则”与“破坏制度规则”的永无止境的“智力的竞赛”，2008 年发端于美国的金融危机就是一个典型。

然而，稻盛先生更相信发端于中国、代表东方文化的“性善说”，就是更相信良知和真善美的伟大力量。稻盛先生以自己的真善美成功地激发了 32 000 名日航员工的真善美，仅仅一年，就把破产的日航做成全世界最优秀的航空公司，经济效益连续 6 年遥遥领先，就是一个经典的案例。这样的案例在西方世界很难出现。

从这个意义上讲，相信自己的真善美，相信真善美的力量，就是相信自己的无限的可能性。

还有，我致力于传播稻盛先生卓越的思想哲学，从而让许许多多能力大大超过我的企业家和学者们从中获得启示，并取得进步。这从另一个方面也给我信心，相信“自己拥有无限的可能性”。

像“傻瓜”一样坚信并追求“自己的无限的可能性”，只要彻底实践这一条，那么，“付出不亚于任何人的努力”“自我燃烧”“在赛台中央发力”“要谦虚，不要骄傲”“要每天反省”“拥有坦诚之心”“深怀感谢之心”“不要有感性的烦恼”“探究事物的本质”“有意注意”“有言实行”，乃至“小善乃大恶，大善似无情”等哲学的其他项目自然都能理解，都能努力去实践。为什么？因为哲学的每一条都通着真理，条条相通，一通百通。

京瓷哲学有 78 条，日航哲学有 40 条，稻盛先生讲过“经营 12 条”“会计 7 条”，现在涉及稻盛先生的书有几十本，稻盛先生的讲演更有几百次之多。希望您先抓住最让您感动的一条，彻底实践，不屈不挠。那么，您一定会得到大大超出您预想之上的收获和成功。您不妨试试。

稻盛和夫（北京）管理顾问有限公司董事长

曹岫云

目录

自序

实现美好人生的指南针

通向幸福人生的唯一途径

我迄今为止的人生，就是一个被工作追逼、又不断追逼工作的人生。但是，当回顾自己的人生时，我却深切地感觉到“我才是这个世界上最幸福的人！”

不管是1959年由28名员工一起创立的街道工厂京瓷，还是1984年趁通信自由化之际创办的第二电电（现名KDDI），都顺利成长发展。另外，大家担心会玷污我晚节的日航重建也总算顺利地完成了任务。

当然，在这过程中，确实有许多的辛劳。但是，当今天回头再看包括这些辛劳在内的一切时，我禁不住由衷地感叹：“这是多么幸福的人生啊！”

这样的幸福人生来自哪里呢？我认为，不管遭遇何种境况，都怀抱强烈的信念，把“作为人应该做的正确的事情以正确的方式贯彻到底”。不屈不挠地实践这一条，这才带来了我的幸福人生。

我认为，根据选择的“思维方式”的不同，我们既可以创造自己灿烂的人生，也可以糟蹋毁坏自己的人生。

无论是谁，在人生中都会遭遇意料之外的障碍。当直面困难的时候，究竟朝着哪个方向前进呢？一切判断都来自自己的“思维方式”。一个接一个的判断积累起来，人生的结果自然就会呈现。

这样说来，在日常的工作和生活中，只要依据将自己引向正确方向的“思维方式”进行判断，那么不管面对任何局面都不会感到迷惑，都能够采取正确的行动，从而带来好的结果。

相反，世上也有将自己引向错误方向的“思维方式”，比如，“只要对自己有利就行”的利己心，或者浮躁任性的情绪等。只具备这种思维方式、这种判断基准的人，只会被自己那颗摇摆不定的心所支配。

人是脆弱的动物，容易败于环境，输给自身的欲望，心乱神迷，若无其事地干起违背正道的勾当。正因如此，在感觉困惑的时候，成为判断基准的正确的“思维方式”就非常重要。

引导自己走向正确方向的“思维方式”是黑暗中的一束光，是走上美好人生之路的指南针。

领悟到“思维方式”和“热情”的重要性

秉持做人的正确的“思维方式”，会给我们的人生带来多大的影响呢？为了能让大家理解这一点，首先我想谈一下表达人生·工作的结果的方程式。一直以来，我每天每日拼命投入工作，为的就是让这个方程式的数值最大化。而且，只有这个方程式才能解读我自己的幸福人生，才能解读京瓷和KDDI的顺利发展，以及日本航空的成功重建。

我所思考的人生方程式

人生·工作的结果＝思维方式×热情×能力

我出生于一个并不富裕的家庭，小学考初

中、高中考大学，以及就职考试全都失败了。经受了这么多的挫折，我意识到自己只具有普通人的“能力”。平凡的我如果想要取得不平凡的成就，到底应该怎么做呢？在苦思冥想之后，我得出的结论，就是这个方程式。

这个方程式由“能力”“热情”“思维方式”这三个要素构成。

所谓“能力”，指的不仅是头脑聪明，还包括运动神经发达、身体强健等肉体上的能力，这些能力大部分都是与生俱来的。

如果用分数来表示这个“能力”，由于有个体差异，可以从 0 分到 100 分进行打分。假设给学习很差、也不擅长运动的人打 0 分，那么运动神经发达、身体健康、学习成绩超群的人就可以打 100 分。

这个“能力”需要乘以“热情”这个要素。所谓“热情”，也称之为“努力”，这个要素也是有个体差异的，也是从 0 分到 100 分打分。如果给对人生和工作怀抱燃烧般的热情、拼命努力的人打 100 分的话，那么，没有干劲、缺乏进取心、没有朝气、不愿努力的人就只能得0分。

但是“热情”与“能力”不同，可以由自己的意志决定。所以，我觉得自己首先应该持续付出不亚于任何人的努力。虽然我的能力平平，但在热情这一点上，我可以做到不亚于任何人。我认为，与头脑聪明但不愿努力的人相比，意识到自己没什么能力却怀抱热情、拼命努力的人，可以取得远远超过前者的优异成果。

最后，还要乘上“思维方式”这个要素。所谓“思维方式”，就是指这个人所持有的思想、哲学，或者称为理念、信念，也可以用人生观、人格来表示，也可称之为“人生态度”。我将这些总称为“思维方式”。

这个“思维方式”才是最重要的要素，它将大大地左右方程式的结果。为什么这么说呢？因为“能力”和“热情”这两个要素都是从0分到100分打分，但“思维方式”却具有方向性，从坏的“思维方式”到好的“思维方式”，分别可以从 –100 分到 +100 分进行打分，幅度很大。

毋庸置疑，“能力”和“热情”的分数都是越高越好。但除此以外，自己的“思维方式”是正还是负，其数值是高还是低，将成为影响人生和工作结果的关键因素。

回归作为人应有的姿态和原点

为什么这么说呢？因为不管多么有才能，不管多么热情地投入工作，就是说，不管“能力”和“热情”的得分多高，如果“思维方式”错了，乘积就是一个负数，人生的结果绝不会美妙。

比如说，有的人会为自己的失败找理由，做辩解，发牢骚，忌妒别人，愤世嫉俗，否定真挚的生活态度。如果持有这样的“思维方式”，人生的结果就会呈现负值。那么，“能力”越强，“热情”越高，这个负的人生结果就会越大。

相反，有的人尽管遭遇艰难困苦，但都能从正面面对。同时，相信自己一定拥有光明的前景，以积极开朗的态度，持续地拼命努力，只要拥有这种正向的“思维方式”，即便“能力”略有欠缺，也一定能获得美好的人生结果。

有意思的是，天生能力的高低，与漫长人生中的成功与否，几乎没有关系。即便能力不高，只要不怨天尤人、不消沉颓废、不牢骚满腹，而持续地付出不亚于任何人的努力，就能度过幸福美好的人生。

刚刚也提到过，这个道理不仅适用于实现个人的幸福，对于实现公司这样集体的幸福，也一样重要。

我从 2010 年 2 月开始着手的长达三年左右的日航重建，就是这个人生方程式的最好证明。

就任伊始，我第一个想到的就是：“努力传递我在京瓷和KDDI的经营实践中得来的‘思维方式’，由此促进日航全体员工意识的改变，也就是说，实施意识改革。一着落定，满盘皆活。意识改革能够增进组织活跃。”另外，推进员工的意识改革，不仅能使日航重生，而且日航还可以在员工意识水平的提高，即做人的“德”方面，成为全世界有代表性的卓越企业。

为了实现意识改革，我首先召集干部开展集中学习，彻底实施了领导者教育。学习内容包括我从半个多世纪以来的经营实践中总结出来的具体的方式方法，同时，还有“作为人，何谓正确？”的判断基准，以及领导者应有的资质等。

但是，当我讲到“应该用利他心，而不是利己心进行判断”“不管做什么，都要全力以赴，拼命努力”这些内容的时候，这些高学历干部的脸上就会浮现出不屑的神情：“净灌输这些讲给小孩子听的道德观，这些东西你不讲我们也懂。”

日航历史悠久，作为“代表整个日本的航空公司”，一直受到追捧和袒护，干部在不知不觉间变得傲慢起来。因此，我严厉地斥责这些桀骜不驯的干部，告诉他们：“领导者必须谦虚。走到破产这一步，自己该负什么责任，每个人都必须认真反省。”

那段时间，我日复一日，坚持不懈，致力于干部的意识改革。干部们看到一个跟自己非亲非故的老人，不要任何报酬，从早到晚拼命诉说做人应有的姿态，渐渐被我这种认真的态度打动了吧！有人开始赞同我所倡导的“思维方式”：“果然不错，是这么回事！”一石激起的波纹迅速扩展，在干部员工中产生了巨大影响。

其次，我感觉到，这种“思维方式”不仅要在干部中，而且必须在直接面对客户的一线员工中渗透，所以我决定亲赴现场。

我来到值机柜台，来到空乘人员、机长、副驾驶、维修人员乃至运送行李的服务人员工作的现场。直接向他们诉说应该秉持怎样的思维方式，如何把工作做得更好。

随着“作为人，何谓正确？”这一判断基准被作为规范逐步渗透，员工们的行动发生了令人难以置信的变化。

伴随着这样的意识改革，伴随着全体员工“思维方式”的不断提高，公司业绩也得到了飞跃性的提升。

好的“思维方式”和坏的“思维方式”

老话说“不要做才能的奴隶”。才华出众的人往往恃才傲物，举手投足间傲慢不逊。这一点，在刚刚谈到的日航的案例中也很明显。

以前的日航，基于“背靠国家”的组织体制，经营干部具有官僚习气，经营企业只靠头脑灵活。他们都是能力很高、精英意识很强的人。虽然他们学历很高，表面上彬彬有礼，但内心瞧不起人，这就是所谓的“殷勤无礼”。关于努力的重要性以及做人的正确思维方式等，他们都似懂非懂，并不放在心上。

这种才高德薄的人掌握巨大的权力，执企业之牛耳，整个组织就会把“正确的为人之道”置之度外。这样的组织不可能珍视顾客。因此，日航才会因背负 2.3 万亿日元的巨额债务而陷入破产。

正如大家所言，驾驭才能的是“心”，所以必须用正确的“思维方式”来掌控自己的才能。缺乏良心只靠能力的人，只会“聪明反被聪明误”，最终必定失败。所以，秉持作为人应有的正确的“思维方式”，也就是正面的“思维方式”，不断努力提高心性，是极其重要的。

那么，我所说的正面的“思维方式”和负面的“思维方式”，到底是什么呢？

所谓正面的思维方式，简单来说，可以用正义、公正、公平、努力、谦虚、正直、博爱等词语来表达，符合最朴素的伦理观，是全世界通用的具有普遍性的东西。

与之相对，负面的“思维方式”就是与正面的“思维方式”相反的东西。

如果将这两种思维方式列举对比，可以有以下的几点：

正面的“思维方式”

总是积极向上，对事物持肯定态度，富有建设性的思想。

具备能和他人一起工作的协调性。

认真、正直、谦虚、勤奋。

不自私自利，知足，有感恩心。

充满善意，有关爱之心，待人亲切。

负面的“思维方式”

态度消极否定、拒绝合作。

阴郁、充满恶意、心术不正、想陷害他人。

不认真、爱撒谎、傲慢、懒惰。

利己欲望强烈、总是牢骚不断。

不反省自己、怨恨嫉妒别人。

如上所述，在思维方式中，既有正面的“思维方式”，也有负面的“思维方式”。如果想要度过自己美好的人生，那么，不管是幸运还是灾难，对于人生中面临的种种问题，都必须按照正面的“思维方式”去思考、行动。

然而，尽管事情如此简单明了，但一旦直面具体问题时，人们却往往忘记了这一条人生铁则。

我们经常看到，当遭遇灾难、困难、苦难时，有的人被痛苦压倒，怨天尤人、自怨自怜、牢骚满腹。这样就使他（她）的人生更加黯淡无光。另一方面，有的人交上令人羡慕的好运，却忘乎所以，将幸运视作理所当然，欲望膨胀、忘却谦虚、傲慢不逊。尽管这样做给周围人带来麻烦，却毫不在意，一味利己。其结果，好不容易交上的好运，最终却免不了潦倒没落。

我希望正在开启自己人生道路的年轻人不要重蹈覆辙。不管遇上幸运，还是遭受灾难，都要坚持用正面的“思维方式”思考和行动。我认为，所谓人生铁则，就是要把这一条做到极致。

成为受人爱戴的人

本书结合我的亲身体验，阐述持有正确的、纯洁的、强大的、纯粹的“思维方式”，也就是塑造美好的、高尚的人格，对于度过美好人生的重要性。

本书共由九个章节构成，分别是“胸怀大志”“积极向上”“不惜努力”“诚实正直”“钻研创新”“愈挫愈勇”“心灵纯粹”“保持谦虚”“利人利世”。这九章内容彼此独立，但通过“人生由思维方式营造”这一共同的本质，这九章又相互结合，融为一体，指明了实现幸福人生必备的“做人的姿态”。

如果希望在仅有一次的人生中活出意义，真的想让自己的人生幸福美好，就必须不断磨炼和完善自己的“思维方式”，让它更美好，更高尚。也就是说，在人格意义上，要以成为一个“完人”为目标，不断努力。

我所崇尚的“完人”，指的是基于美好心灵、贯彻正确的为人之道，不管是谁，都会说“那个人非常了不起”，并为之倾慕的人。这样的人不仅能力出众，而且大家会自然而然地觉得，“想和那个人一起，走上同样的人生道路”“想和那个人一起工作”“有他真好”，必须是这样的人。

但是，正所谓“说起来容易做起来难”，真正付诸实践并不是一件容易的事，必须有非如此不可的强烈愿望，不断反省，为了每天都进步一点点而不懈努力。

重要的是，要持续抱有“想成为那样的自己”的强烈愿望。只要胸怀这种强烈愿望并拼命努力，人就一定能够实现自身成长。

没有人一生下来就拥有高尚的人格。人在自己的一生中，要靠自己的意志和努力，掌握正确的“思维方式”，塑造高尚的人格。

不断磨炼自己，度过美好人生。祈愿本书对抱有这种愿望的人有所帮助。

胸怀大志

——志气高昂、描绘远大梦想、不懈追求

明朗

人生充满美好希望

不忘时时描绘梦想

心怀浪漫

怀抱积极的“思维方式”

定能开拓未来

对未来怀有无限的浪漫

在京瓷的创业期，我把自己称为“做梦的梦夫”，不断地向员工诉说自己的梦想。至今我仍时刻不忘追逐梦想，保持一颗年轻的心灵。

回顾过往，我开始意识到描绘美好梦想的重要性，是在高中一年级的时候。

那是日本战败后的第三年，我居住的鹿儿岛市内还是一片焦土。我上学的高中校舍，是一个临时搭建的简易棚屋。由于离海岸很近，可以从正面看到樱岛的火山喷烟。

高中的国语老师是一位浪漫主义者。平时讲课经常使用有名作家的小说作为题材。有一次，他突然说了一句：“我每天都在恋爱。”

我听得莫名其妙，他解释道：“我每天都骑

自行车上下班，一路上欣赏樱岛，每天都在跟樱岛谈恋爱。樱岛那雄伟的身影、火山喷出的滚滚烟雾，这热血沸腾的景象令我心驰神往。”

战后贫困破败，饭还吃不饱，老师却在描绘美好的梦想，给我们学生带来了希望。受到他的影响，我也明朗起来，我觉得应该努力描绘美好的梦想，用这样的态度来度过每一天。

当然现实绝非一帆风顺。我在小学高年级的时候患上了肺结核，面临死亡威胁。旧制初中的升学考试失败了两次，考大学也失败了。大学毕业后，想去的企业也进不了。我的青春时代正是一个挫折连着一个挫折。但尽管如此，我还是度过了充实的人生，就是因为受到了这位国语老师的影响。

人生本来就充满美好的希望。只要能不忘描绘梦想，心存浪漫，秉持积极的思维方式，那么就能开拓未来。

即便在充满挫折的青少年时代，我也没有忘却梦想，始终怀抱希望。我认为，自己之所以能有今天，就是因为秉持了这种积极的思维方式。

我经常说："不管遭遇怎样艰苦的状况，也绝对不能对自己的人生和企业的将来持悲观的态度。"虽然现在面对艰难困苦，但是要持有"今后的人生一定是一片光明！""自己的公司一定会成长发展！"这样积极的思维方式。

不能发牢骚鸣不平，不能怀有阴暗忧郁的情绪，更不能怨恨、憎恶、嫉妒。这样负面的思想，会让人生暗淡无光。

人生过得幸福的人，都持有积极的思维方式。即便别人看来是灾难般的境遇，他们照样乐观开朗，积极面对，甚至把灾难看作促使自己成长的机会，因而心存感谢。抱这种心态，人生就会时来运转。

世上的一切现象，都是由自己的心灵和思维方式招致的。因心灵的状态，即思维方式的不同，人生和工作的结果就会发生 180 度的大转变。这是非常单纯的道理。对未来抱有希望、乐观开朗、积极行动，乃是让工作和人生变得更好的首要条件。

描绘远大而美好的梦想

——《京瓷哲学：人生与经营的原点》

愿望

只要坚信自己的可能性

深信一定能够实现

并持续地付出努力

那么不管有多少困难

梦想一定能够实现

相信能行，开拓人生

首先要有愿望："想度过这样的人生""将来想要成为这样的人""想让公司这样成长"。不管遭遇怎样的艰难困苦都不气馁，以穿透岩石般的强烈意志去实现愿望。抱有这样强烈的、志气高昂的愿望，是成功的源泉。

只要深信自己的可能性，深信一定能够实现，持续地付出努力，那么不管有多少困难，梦想一定能实现。因为人的愿望中隐藏着超乎我们想象的巨大力量。

这里所说的"强烈愿望"，是指渗透至潜意识的"愿望"。愿望必须提升至如此强烈的程度。

要让愿望渗透至潜意识，就必须睡也想，

醒也想，反复地思考，透彻地思考，将思维高度聚焦于这一愿望。这样的话，即使在睡着的时候潜意识也会持续不断地工作，将自己引向愿望实现的方向。

提倡积极思考的思想家中村天风，清晰地描述了这种持续思考的状态：

> 要想实现新计划，关键在于不屈不挠的那一颗心。因此，必须抱定信念，志气高昂，坚忍不拔，一个劲儿干到底。

我曾经用这段语录作为京瓷的经营口号，也曾经在日航重建的过程中将其作为标语，张贴在日航的各个工作现场，借以促进每一位员工的意识改革。能不能实现新计划，关键就在于是否有“一颗不屈不挠的心”。也就是说，不论遭遇任何困难，都要一心不乱、持续思考，这一点极为重要。而且，这种思考必须是坚定的、不可动摇的。中村天风用“抱定信念，志气高昂，坚忍不拔，一个劲儿干到底”这些词语来表现。

天风先生在这句话之后，继续说道："在人生的旅途中，哪怕你被抛入了命运的滔滔浊流之中，哪怕你遭遇不幸，病魔缠身，也决不能有一丝的烦闷、一毫的恐惧。"

天风先生想表达的是，当在人生的旅途中，被命运捉弄，遭遇不幸时，也要一心一意，持续思考如何才能成功，绝对不能有丝毫的烦恼、苦闷和恐惧。

很多人都有过"想这样做"的想法，但往往又以"没有实现的条件"等为借口，很快退缩。在"想这样做"的想法后面，加上了"可是""或许"之类的杂念，愿望具有的力量就会衰减至零。所以重要的是，要抛弃一切疑虑，怀有一定能实现的强烈而持久的愿望。

只要怀有强烈而持久的愿望，实现愿望的热情就会自然而然地涌现出来。

京瓷创业时，仅有资本金 300 万日元，员工 28 名，是一个只要市场或经济环境稍有变化，就可能破产的微型企业。但就是在这样一个没有资金和设备、连明天会怎样都不知道的环境中，我不断地向员工们诉说梦想："要成为日本第一！""要成为世界第一！"

这话听起来简直就是天方夜谭。但是，我还是利用一切机会，不厌其烦地向员工们诉说。即使在京都，当时也有很多被认为是京瓷无法超越的大企业。甚至有人说："一百个人都不到的小企业，居然想成为世界第一，开玩笑也得有限度啊。"即便是这样，我依然非常认真地诉说我的梦想。

不知从什么时候开始，员工们从心底开始相信了我所揭示的梦想，朝着"世界第一"的目标，团结一致，夜以继日，一心一意，努力奋斗。

现在，京瓷在精密陶瓷领域已经成了世界第一，销售额达到了 1 万 5000 亿日元的规模。正因为持续思考，不断地诉说"要成为日本第一，世界第一"，才引领我们实现了公司的宏伟梦想。

信念

要在看不清前进道路的情况下

不断追逐目标

就需要照亮黑暗的光

正因为有信念之光

才能持续前行，到达成功的终点

强烈持续的“信念”让我鼓起勇气

在商业领域，如果想要挑战独创性的事业，就必定会遭遇许多障碍。那些开创了前所未有事业的人，都是自己依靠持续的“信念”鼓足勇气、最终克服了障碍的人。

在创造性的领域里工作，好比在一片黑暗中用手摸索前行。在看不见前进道路的情况下追逐目标，就必须有照亮黑暗的“光”。这个“光”就是信念。

越是创造性的工作，就越需要在心中持有坚定的信念。正是因为有了信念这一束光，才能持续前进，最终实现成功。

那么，所谓“坚定的信念”，到底是个什么样的东西呢？那就是“利他”的美好愿望。

我想以第二电电（现 KDDI）创立的经验为例进行说明。

1984 年，日本迎来了电信事业自由化这一大变革的时期。之前国有企业的电电公社实现了民营化，变为 NTT。同时，允许其他新企业参与通信行业的竞争。

当时，很多国民都认为，日本国内的长途电话费用太高。我也一直抱有强烈的危机感：在全世界范围来说，日本的通信费用也是高得离谱，这不仅给国民强加了沉重的负担，而且会阻碍日本信息化社会的进程。

在允许新企业参与竞争之初，我认为，以日本经济团体联合会为中心的大企业会组成联盟参与竞争。但是当时 NTT 销售额高达 4 万亿日元，从明治时期以来就在日本全国各地铺设了电话线路，拥有庞大的基础设施。大家都觉得无法与它对抗，因此犹豫不决。

当时我还认为，即便是大企业结成联盟进行挑战，也只是稍稍降低价格，结果只能是新的电信企业与 NTT 分享利益而已。国民期待低廉的通信费用，可最终仅仅是大企业分享利益，无法形成公平竞争的局面。于是我开始产生了难以抑制的冲动，想亲自参与长途通信事业，降低通信费用。

连通信的“通”字都不懂的我参与通信事业，简直是莽撞无谋。但是，从降低国民的通信费用这一单纯的念头出发，一位充满着强烈正义感的年轻人，果敢地向 NTT 发起挑战，这是非常必要的，我有这种强烈的冲动。

但是，我并没有立即下参与的决断。我反复地自问自答：“我打算参与通信事业，真的是出于降低国民通信费用这一纯粹的动机吗？有没有自己想赚钱、想出名、想哗众取宠的私心呢？”针对这些问题，我对照“动机至善，私心了无”这句话，每天不管多晚，在睡觉以前，我总是反复地追问自己。

我相信，在开创一项事业时，如果动机是善的，就是说，是从美好的心灵出发的，那么结果一定是好的。相反，如果动机不纯，事业绝对不会顺畅。

这种自问自答持续了半年左右，我终于确认自己的动机是善的，没有一丝一毫的私心。这样的话，不管多么困难的事业，坚决实行的勇气和热情就会在心中涌现。于是我决定创建第二电电，并向社会公布。

继第二电电之后，国铁旗下的日本电信、日本道路公团·建设省（现国土交通省）和丰田组成的日本高速通信也报名参与竞争，最终，新电电（新电信电话）由三家公司同时参与，开始竞争。

相较于条件齐备的其他两家公司，不管是在通信网络等基础设施方面，还是在技术、资金、信用、销售能力等方面，第二电电都相形见绌。

尽管在这种情况下起步，但从运行一开始，明明是条件最差的第二电电，却取得了压倒性的市场优势，一路领先。此后，第二电电继续高速成长，在成为 KDDI 之后，依然高歌猛进，持续成长发展。

成功的原因到底在哪里？第二电电具备的

只有一条，就是“为世人为社会尽力”的宗旨。在这种纯粹美好的思想的指引下，一心一意，不断努力，这就是成功的最大原因。在事业开始之初，诽谤中伤不断，眼前面对着各种困难和障碍。但是，正因为抱有“为世人为社会”绝对要干成的信念，才最终克服了所有的困难。

有一段话非常贴切地表达这个道理。20 世纪初，英国著名启蒙思想家詹姆斯·艾伦在其著作《原因和结果的法则》中如此写道：

“与心地肮脏的人相比，心灵纯洁的人更容易达成眼前的目标和人生的目的。心地肮脏的人因为害怕而不敢涉足的领域，心灵纯洁的人随意踏入就轻易获胜，这样的事例也并不鲜见。”

读到这段话，我很是感慨，因为这句话真切地表达了人生的真理。

环顾我们周围，看上去并不聪明的人，由于基于信念敢冒风险，持续付出不亚于任何人的努力，结果获得成功的案例很多。相反，头脑敏捷、才华横溢的人，运用聪明才智，深思熟虑后推进的事业，最终却遭遇失败，这种案例也不少。产生这种差别的原因在哪里呢？那就是有没有纯粹而强烈的愿望。纯粹而强烈的愿望所带来的信念，拥有超越一切智慧、一切战略战术的力量。

背负日本未来的年轻人们，请你们一定相信信念的力量，胸怀纯粹而强烈的信念，不懈地努力。秉持这样的“思维方式”努力进取，不仅自己的人生能够结出丰硕的成果，这个社会也一定会变得更加丰富、更加美好。

积极向上

——美好的心灵必有好运

进步

相信具备无限的可能性

并且拼命努力才是重要的

正因为相信这样的可能性

并不断努力

人才会不断进步

追求人的无限的可能性

我开始认识到每个人都拥有无限的可能性，是在高中三年级前后，当时我正在复习功课，准备考大学。

神灵创造这个世界是公平的，创造人类时也很公平。神灵分别赋予了每个人神奇且无限的可能性。区别仅仅在于，有的人发挥了这种可能性，有的人却没有发挥。从本质上讲，并无所谓头脑灵和不灵之分。

不知从什么时候开始，我相信了这一点。这也是创办京瓷以后，鞭策我继续前行的唯一源泉。

每一个人都分别拥有各自非凡的可能性，而能否发挥出这种可能性，则由努力决定。所以，不能因为自己没有钱或头脑不聪明而随便放弃。重要的是，相信自己确实拥有无限的可能性，并不懈努力。正是因为相信这种可能性，并不断努力，人才会不断进步。

能够成就事业的人都乐观地相信，即使碰到困难，只要努力就一定能够解决。没有一瞬的犹豫，没有一分的迟疑，坚信“自己拥有无限的可能性，今后只要努力就行”。只有这样的人，才能突破壁障。

一百多年前的英国著名探险家欧内斯特·沙克尔顿的经历可以让我们从中学到这一点。

作为三次率领南极探险队的英雄，欧内斯特·沙克尔顿的名字广为人知，特别有名的是他在招募南极探险队员时打出的一则广告。广告是这样写的：

“诚聘男性船员，旅程至难，报酬很低，天气极冷，黑暗的天日久长，危险不断，不保证生还。如若成功，将获荣誉和赞赏——欧内斯特·沙克尔顿。”

当时沙克尔顿的目标是，实现人类历史上首次横穿南极大陆之旅。之前已有其他的探险队到达过南极，但还没有人能够挑战横穿南极大陆这一极其困难的目标。一旦踏上旅途，就会面对酷寒和狂风暴雪，无法保证活着回来。而且，即便是最终成功了，也不会有很高的报酬。条件极其苛刻。

只要有一丝的恐惧或犹豫，或者不相信有成功的可能性，那么，谁都不会应聘，不会对这种充满风险的广告感兴趣。而这正是沙克尔顿的意图。就是说，虽然至今无人成功，但要相信通过努力就可以实现前无古人的伟大事业。只有真正相信这种可能性的人，才能成为横穿南极探险队的队员。进一步说，如果不是由这样的人所组成的团队，遭遇困难时就会放弃，就不能持续前进。

事实上，沙克尔顿率领的探险队，经历了无法想象的灾难。载着 28 名探险队员的“坚韧号”三桅船被困于浮冰，最后破裂沉没。探险队在即将到达南极大陆时失去了船舶，没有足够的装备和给养，被困于浮冰之上。

在穷途末路的绝境之中，沙克尔顿发挥了强大的领导力，他不断鼓励濒临绝望的队员们，给他们希望和勇气。

首先，他们在浮冰上扎营，尽可能保存所剩无几的食物，捕捉海豹和企鹅，用海豹油做燃料，苦苦支撑，维系生命。

不久，扎营的浮冰裂成两块，沙克尔顿做出决断，指挥队员们放弃冰上营帐，全员乘坐救生艇，冒着南极海域的风暴，寻找可以登陆的岛屿。没有引擎，只有艇和浆，在接近零下四十摄氏度的严寒中，冰冷的海水把全身湿透，朝着不知道是否存在的目的地进发。这种景象，悲壮之极。

但是，沙克尔顿毫无畏惧，率领队员不断向前，跨越岛屿，跨越海峡，跨越山脉。经过22个月的艰苦跋涉，终于走出了严寒绝境，28名队员全部生还。

虽说沙克尔顿此次横穿南极大陆的尝试失败了，但即便直面死亡也决不放弃，不断追求自身无限的可能性的坚定态度终生未变。我认为，就是这种不惧失败、挑战前人未达目标的精神，才可能成就他人无法仿效的伟业。

不仅是探险家，还有那些改变人类历史的科学家们，他们正因为相信自己的无限可能性，才达成了看似不可能实现的目标。而其结果，就是促进了人类的进步和社会的发展。如果一开始就认定“做不成”而放弃努力，人类永远不会进步。

“这个好像有点难”，只要这么一想，事情就做不成了。“实现这个有点难，但努力一下也许可以实现”，稍有一点这种淡然的想法，事情也做不成。只要头脑里有一丝怀疑，有一点不安的念头闪过，此后即使再对自己说“只要努力就可以成功”，都无异于马后炮了。一瞬的徘徊、犹豫、疑虑，都会让无限的可能性枯萎。

越是具有挑战性、独创性的事业，就越需要坚韧不拔，越需要持续奋斗，否则就无法达成。之所以能够坚韧不拔，坚持到底，就是因为从心底相信“一定能成功”。正因为心中有“一定成功”的信念，才会常常从心底涌现出坚韧不拔、持续努力、跨越障碍的斗志。

拼命

在被逼入绝境

痛苦挣扎时

仍然以真挚的态度处世待人

就能发挥出平时难以想象的巨大力量

付出不亚于任何人的努力，专注于一件事

1932 年我出生于鹿儿岛市，是兄弟姐妹七人中的次子。家里经营印刷业，经济条件还不错。但从二战期间的 1944 年开始，我的命运突然发生了转变。这一年，我升学考试失败，没有考上当地有名的初中。第二年得了肺结核，徘徊在生死边缘。而且家里的房子又在美军的空袭中被烧毁。

虽然战后家庭贫困，但由于班主任的力劝，另外也得到了父母兄弟的支持，我勉强上了高中，后来又有了考大学的机会。但是，没有考上第一志愿的大阪大学医学部，无奈只好上了本地新开办的大学工学部。

虽然我在大学里拼命用功，但运气不好，

在我毕业的1955年，迎来了朝鲜战争结束后的就业困难时期。毕业于新办的地方大学，既没有人脉，又没有关系，所以我很难找到一份工作。

大学的恩师在京都帮我找到了生产输电线用瓷瓶的公司，总算被录用了。但是这个工作和我在大学所学的有机化学专业根本不对口，不是我真心想要的工作。

当时，因为以大学第一名的成绩毕业，所以我有点自以为是。一进公司我才发现，这是一家经常拖欠工资的亏本企业。不仅公司房屋和设备老旧，就连宿舍也是年久失修，环境相当差劲。也正因如此，我在入职的瞬间，就非常不满，看不惯公司的一切。

不久，同期入职的同事先后辞职，我也曾想去自卫队工作，但由于家人反对，未能实现。最后，同期入职的同事中，就我一个人孤零零地留在了这家亏本企业。

孤身一人，心中寂寞。这时支撑我坚持下去的，是比我小两岁的妹妹。我每天在什么都缺的简陋宿舍中自己做饭，她看不下去了，就说："我来帮哥哥吧！"于是辞去了鹿儿岛百货店的工作，来到了京都。我的宿舍附近有家明治制果工厂生产奶糖。妹妹白天就在那里做包装奶糖的工作，晚上就住在宿舍里照顾我。

此后一年半左右，妹妹一直为我做早餐和晚餐，所以我才能每天做实验到深夜。妹妹是我的依靠，同样，我也是妹妹的依靠。

"不要哭妹妹！妹妹不要哭！哭了的话，我们少小离家，就没有意义了。"日本有一首以这段歌词开头的演歌（演歌是日本的一种古典歌谣。——译者注），名为《人生的林荫道》，每次听到这首歌，那一幕幕往事就会清晰地浮现眼前。

在这种情况下，我的心态发生了180度转变。我下定了决心："老是哀叹，闷闷不乐不是办法。与其发牢骚，不如全身心投入到新型陶瓷的研究中去。"

下定这个决心，我花了大约半年。但在痛下决定的那一瞬间，我感到迄今为止的牢骚和困惑一下子烟消云散。于是，我把锅碗瓢盆搬进了实验室，住了下来。一边反复做实验，一边在图书馆里研究前沿论文，与此同时，我全力以赴、全神贯注地投入到新型陶瓷的结构设计、生产工序的技术开发中。

在牢骚不断时，我真的做什么都不顺利。但当我全身心投入研究后，优异的研究成果开始接二连三出现。上司因此表扬我，甚至董事都开始对年轻的我另眼相看，工作也变得越来越有意思了。

把鼓励当作动力，我更加努力了，结果就受到了更高的评价，由此，我的人生开始了“良性循环”。

在研究开始后一年半左右，我成功合成了全新的高频绝缘材料镁橄榄石。在恶劣的研究环境中，我是全世界仅次于美国 GE 公司（通用电气公司），第二个成功合成这种材料的。

用这种新型陶瓷材料制成的产品，被日本生产家电的大公司采用，作为零部件用于当时快速普及的电视机。这不仅让作为开发人员的我个人的辛苦工作得到了回报，而且让持续亏损的公司也拿到了起死回生的订单。于是，公司寄予我厚望，我年纪轻轻，就成了生产现场的领导者。

但是此后，我跟新任技术部长起了冲突，辞职离开了公司。27 岁时，我以自己的新技术为基础，和支持我的诸位同人一起，创办了京瓷这家精密陶瓷零部件公司。

每当回顾自己的人生，我都会意识到，正因为没有被苦难压垮，拼命向前，努力工作，才有了今天的自己。我深切地感受到拼命工作是多么重要。

人在被逼入绝境、痛苦挣扎时，仍然以真挚的态度处世待人，就能发挥出平时难以想象的巨大力量。

在这种努力的前方，那个连自己也无法想象的美好未来正在向我们招手。

改变“思维方式”，人生将发生 180 度转变

——《活法》

自燃

拼命工作是件辛苦的事

要日复一日地持续下去

就需要努力爱上自己的工作

爱上工作、在工作中找到乐趣的人

就能够获得成功

点燃内心之火靠自己

人大致可分为三类：自己就能燃烧的自燃型的人、接近火源就能被点燃的可燃型的人、即使点火也无法燃烧的不燃型的人。

在“明朗”一节中，我讲到了“对未来怀有无限的浪漫”。这对可燃型的人尚有说头，但不燃型的人正好相反，他们一点都不浪漫。浪漫主义者必须是自我燃烧的自燃型的人。

想成就一番事业，需要巨大的能量。这种能量来自自我激励，来自熊熊地燃烧自己。不是等别人下指示，不是上司下了命令才工作。而是在这之前，自己主动要干，充满积极性，这样的人，就是“自燃型”的人。

那么，自我燃烧最好的方法是什么呢？那

就是爱上自己的工作。俗话说“有情人相会，千里不过一里”。一旦喜欢，就不觉得辛苦。相反，如果心生厌倦，则不管做什么，都会辛苦难受。

只要喜欢上工作，不管多么辛苦，都会转换心态：“先全力以赴、投入工作再说。”如果全力投入并取得成功，就会产生很大的成就感和自信心，就会产生挑战下一个目标的愿望。在这样的循环中，人就会更加喜欢工作，越来越努力，就能取得卓越的成果。

这正是我的亲身体验。因为我在大学毕业后就职的第一家公司里“喜欢上了工作”，才造就了今天的我。这一点我感受至深。为了喜欢上自己的工作而做出努力，这不论是在人生还是在工作中，都是最重要的因素。

前面提到过，我在大学的专业是有机化学。但因为拿到的却是无机化学公司的录用通知，于是匆忙开始研究陶瓷。但专业不对口，陶瓷又绝非我自己喜欢的领域。然而，我已经走投无路，除了爱上自己眼前的研究课题，没有其他的选择，所以我就下定决心，要自己努力去喜欢上陶瓷。

由于我没有基础知识，所以只能从阅读文献开始。比如说，把过去别人写的论文从大学图书馆里找出来，学习其中的内容。再比如说，一边翻词典，一边学习美国陶瓷协会的论文。当时没有复印机，为了摘录所需的文献，我就把重点抄写在大学时用的笔记本上。在细致周密研究文献的基础上，我开展实验。

一旦拼命学习，兴趣就来了，于是我更加热心于研究。频繁进出大学图书馆，遍读各种文献资料，将其用于实验和研究工作，然后再去图书馆继续学习。就这样，为了喜欢，我拼命努力，在这过程中，前面也提到了，我成了全世界第二个成功合成了新材料的人。

成就伟大事业的人，都是从心底里热爱自己工作的人。一是有幸找到了自己喜欢的工作，二是转变了自己的心态，付出努力，将原先不喜欢的工作变成了喜欢的工作。只有这两种人才会成功。

不管是从事实业也好，还是研究学问也好，首先重要的是，“喜欢上”自己正在从事的工作。只有“喜欢上工作”，才能全身全灵地“投入工作”。

可是，即便是喜欢上了工作，全身心地投入了工作，但如果光是辛苦，长期的努力就难以为继。所以，必须在工作的间隙，寻找出喜悦和乐趣。

在我最初工作的公司开始批量生产新材料的时候，日后成为京瓷创业成员的两个年轻人，作为我的研究助手，进入了公司。在工作遇到困难、心情沉闷的时候，我经常会和他们俩一起玩棒球。

其中一人虽然身材瘦小，但投球速度很快，控球也很好，是个相当不错的投手。另外一人总是守在外场，可能是因为之前没有玩过棒球，每当球飞向外场的瞬间，他就一边将带着接球手套的手高高举过头顶，一边跑动起来。

我总觉得这种笨拙的姿势是接不到球的，但意外的是，他速度很快，而且疯狂跑动，总能勉强赶上，接住球。看到这个景象，大家都忍不住捧腹大笑。在比赛结束后，大家回到宿舍喝点烧酒，然后解散。我记得当时一直是这个模式。

不能玩棒球的下雨天，我们就把擦拭机器用的抹布卷成球状，做成拳击手套，模仿拳击比赛。两个年轻人带上用抹布做成的手套，我用一个金属器皿替代铜锣，“咣”的一声敲响，在研究室里玩起拳击比赛。如果总是紧张状态，人的身心都无法承受。我们就用这些活动来调节，缓和紧张的工作节奏。

另外，我也谈上了恋爱，我的初恋是研究室里坐在我前面的、比我大四岁的女性。她知性优雅，很有品位。“如果能娶到这样的太太就好了。”我陷入单相思，倾慕不已。老是找理由往她身边跑。

在紧张工作的日子里，一边寻求娱乐和受到爱情的滋润，一边持续努力工作。这样的日子对于我的人生来说，感觉真的很好。

从日常细小的事情中寻找出喜悦和乐趣，

就能更加努力埋头工作，就能喜欢上艰苦的工作。只有喜欢上工作，才可能取得成果，进而给自己的命运带来转机。

不惜努力

——拼命努力、坚持不懈，就能品尝到真正的充实感

勤劳

认真拼命地工作

就能塑造人的优秀人格

逃避辛苦工作的人

无法造就优秀的人格

认真拼命地工作

我十三岁时，战争结束。由于出生在那个时代，所以在我生命中，最早意识到的就是“勤劳”。因为在化为废墟的国土上，除了认真拼命地工作，没有其他生存的方法。

虽然我们一家当时也非常贫困，但不可思议的是，我们并没有不幸的感觉。一家人每天都诚实踏实、勤勤恳恳、拼命努力以求生存。

说到这里，我想起了我的舅舅和舅妈。在战争结束后，他们两手空空，从伪满洲国回到鹿儿岛，做起了蔬菜生意。舅舅在战前仅仅是小学毕业，每天购进蔬菜，拖着大板车，沿街叫卖。

爱说闲话的亲戚们在背后以轻蔑的眼光看

着他："那个人既没学问，脑子也不灵，所以不管炎热的夏天还是寒冷的冬天，都只能拉着大板车，辛苦流汗，沿街叫卖。"

舅舅身体瘦小，不管是阳光炽烈的夏天，还是寒风凛冽的冬天，他总是拉着比自己身体大得多的、装满蔬菜的板车，沿街叫卖。我小时候常常看到舅舅那种做生意的光景。

现在回想起来，舅舅那时候既不懂什么生意经，也不懂财务会计，仅仅依靠拼命努力，不久就开起了蔬菜店，直到晚年都经营得非常出色。

舅舅的经历让我从小就明白了一个道理：没有学问，只是默默地埋头苦干，就能带来丰硕成果。

像这样"认真拼命地工作"，我们平日里都做到了吗？自己不努力工作，却把降临到自己身上的灾难归咎于他人，归咎于社会。我们经常会看到这样的人。虽然遗憾，但这却是社会的现实。

自己的境遇无法改变。如果一味将自己的

不幸归咎于外在因素，那么，自己的心灵就永远得不到满足。相反，即使面临不利的境遇，只要能够勤奋工作，就能够获得幸福。

我觉得，在“勤劳”这一点上，二宫尊德应该成为我们的榜样。

二宫尊德出生于贫苦农家，幼时父母双亡，被寄养于叔叔家，从小就吃了很多苦。但是，他仅仅靠着一把锹、一把锄，从早到晚，披星戴月地在田间劳作，把一个个荒废的村庄改造成五谷丰登的富乡。当时的藩主知道了他的事迹以后，就邀请他帮助重建依然贫困的村庄。

尊德认为，村庄之所以荒废，是因为农民的心荒废了。所以，他只顾埋头工作，用手中的锹和锄耕耘不息。看到他辛勤的样子，农民们受到感染，也开始勤奋工作。就这样，尊德重建了一个又一个贫困的村庄。

到了晚年，尊德的功绩被德川幕府认可，他甚至成了将军的座上宾。明治时代，有一位叫内村鉴三的人，为了向西欧诸国介绍日本，他出版了《有代表性的日本人》一书，书中是这样描述二宫尊德的：

“在江户时代被邀进幕府的二宫尊德，仅为一介农夫，出身贫寒卑微。尽管如此，但当他穿上武士阶层的和服到殿中时，其言谈举止，举手投足间流露出的气质，与天生的贵族毫无二致。”

就是说，尊德的行为举止和大名及诸侯一样高贵风雅，竟让人误以为他也出身于高贵的家族。

这是因为尊德将农业劳作当作一种修行，在艰苦的劳动中塑造了自己的人生观。这就是所谓“劳动塑造人格”。

正是认真拼命地工作，让人变得优秀。逃避艰难困苦的人，无法塑造优秀的人格。从年轻时就勤奋工作，不畏艰苦，锻炼自己，磨砺自己，就能提高心性，度过幸福美好的人生。

不管现在处于什么样的境遇中，埋头苦干、不惜粉身碎骨、不懈努力，这才是最重要的。希望大家务必相信这一点：只要吃苦耐劳就可以塑造优秀的人格，就可以度过幸福的人生。

进取

决不虚度每一天

每一天都要全力以赴

切记要拥有进取心

不屈不挠、不懈努力

一步一个脚印、反复的努力必不可少

不要用现在的能力评价自己，因为自己的能力将来会不断提高。这一点非常重要。

切勿虚度每一天，每一天都要全力以赴。切记要拥有进取心，不屈不挠、不懈努力。

在植物的世界中，有成长较早、结果较早的“早熟”品种，也有成长较晚但会结出更大果实的“晚熟”品种。孩子也是一样，既有从小就聪明伶俐的孩子，也由最初学习不好但其后逐步崭露头角的孩子。

在小学和中学学习不太好的孩子们，你们根本不必消极悲观。只要把自己看成晚熟的、后来居上的那种人，抖擞精神，努力奋斗就行。相信自己的无限可能性，付出不亚于任何人的努力，就一定能够茁壮成长。

说到这里，我想回顾一下自己的孩童时代。

上小学的时候，我学习不用功。老师布置的作业我也不做，经常遭到老师的斥责，被罚站在走廊里，是一个成绩不好的学生。

比起学校的学习，我有更有趣的事情要忙。夏天，我在自家门前的甲突川捕捉鲫鱼、鲤鱼、虾和蟹；冬天，则着迷于在附近的城山上捉白眼鸟，根本没有时间学习。自然学习成绩也不会好。

尽管我学习成绩差，但当要上中学时，不知道为什么，也希望去好的学校，于是去考鹿儿岛一中，当然，一定是考不上的。第二年再考，还是没考上。无奈之下，我只好晚了一年，进入了私立中学。

进入中学后，我开始后悔自己以前不爱学习的态度。

实际上，因为在小学时没认真学算术，所以当开始学习代数和几何这些比较困难的数学科目时，我就跟不上其他同学了。于是，我把小学五年级到六年级的课本翻了出来，花一个月时间，又重新自学了一遍。很快，对我来说曾经很难的数学，不仅跟得上了，还成了自己擅长的科目，学习成绩在整个年级里数一数二。

但是，或许骨子里我就是一个比较懒惰的人吧！升入高中后，我又开始懈怠起来。放学后，十分热衷在学校的操场上打棒球。战争结束时，家里的房子被炸毁，家里已经变得非常贫困。作为家中次子，本应该好好帮助父母，我却沉迷于玩耍。

直到有一天，母亲恳切地对我说："我们家的条件和你那些有钱朋友不一样，兄弟姐妹多，过着穷日子。但你却每天放学后都打棒球。你能不能稍微考虑一下你爸爸和哥哥的辛苦，为家里出点力？"

母亲的话促我反省。我想起了当初勉强要求家里允许我上高中时的情景，未免羞愧难当。于是，我痛下决心，再也不和朋友们打棒球了，一放学就赶回家帮父亲做事。父亲由于战前就经营印刷作坊，那个时候正好开始手糊纸袋的业务，有时候把糊纸袋子的工作外包给我家附近的家庭主妇，我负责纸袋子的销售工作。

当时跟我一样一放学就回家的，是那些认真学习的同班同学，他们都是要考大学的。从他们那里我借来了《萤雪时代》这本面向高考生的杂志。我本来打算高中一毕业就找工作，根本就不知道有这种关于高考的杂志。在翻阅过期旧刊《萤雪时代》的过程中，我萌生出了“原来还有这条路可走，那个世界我也想去”的想法。

此后，在卖纸袋之余，我全身心地投入到学习中去。本来在学校里我的成绩就不错，也是从那时开始，更激发了自己的学习欲望，所以，在高中毕业时，我的成绩在学校里已经是名列前茅。

遗憾的是，我没有考上心仪的大学，只考入了本地鹿儿岛大学的工学部。因为没有钱，我反而觉得这所能从家里走读的大学对我来说正合适。以后的日子里，我每天都穿着拖鞋，披着夹克，从家里去学校上学。

我从高中的后半段开始就对学习产生了强烈的兴趣，在大学里甚至成了学霸。由于对学问兴趣盎然，所以从学校回家的路上一定会顺道去一趟县立图书馆，借阅我最喜欢的化学书籍，回家后就如饥似渴地阅读起来。现在回想起来，我觉得甚至可以说，大学的四年，我比谁都用功，而且，考试成绩也非常拔尖。

大学考试其实很简单。比如物理考试，范围是从哪里到哪里，考试时间是某某时候，这些都早已确定。所以，只要在考试前，把考试范围的内容复习完就行了，这样的话就一定能取得好成绩。

但是，大部分的同学并没有这样做。比如有朋友来找自己玩，说一句："一起去看电影吧！"盛情难却，于是我就陪朋友去看了电影。明知应该好好学习却去娱乐。结果，本来复习迎考时间足够，但到最后还是临时抱佛脚，以惴惴不安的心情迎接考试。

这样的话，到了考场难免就会担心，"糟糕，没来得及好好复习，那个部分复习一下就好了，千万别考那部分内容啊”。结果偏偏就考了那部分的内容。“这下完了！”心中发慌，自己追悔莫及。

我对这种事情深恶痛绝。因为在初中和高中阶段，我已经吃够了这种苦头。所以下定决心，与其事后追悔，不如事先抓紧，做好充分准备。

考试的时间是预先知道的，只要在此之前复习完毕就行。但也会出现意外的情况，以致无法按照计划完成复习。到时候，又会想“这下完了”。与其这样，不如在制订复习计划时，尽早留出足够的时间，这样的话，不管发生什么事情，在考试前都能全部复习完毕。

我认为，考试前应该制订时间充裕的复习计划。大学时代复习备考时，我一般都提前十天把功课复习完，争取考试成绩得满分。

可能是因为我在儿童时代患过肺结核，所以一旦感冒就很容易导致肺炎，发高烧。有两三次，我在考试前卧床不起，但由于复习及时，所以考试仍然能得满分。

如上所述，我本来并不擅长学习。“想要学得更好！”“准备充分，胸有成竹迎接考试！”凭着这种强烈的愿望，扎扎实实，刻苦学习，仅靠这一步一个脚印的持续努力，我才获得真正的成长。

人生仅有一次，稀里糊涂，虚度此生，就未免太可惜了。每天究竟应该怎样度过呢？一步一步、不懈努力、持之以恒、精益求精。只要这么做，工作就能逐步提升，人生就能日臻完美。同时，这也体现了我们作为人的价值。

追求正确的为人之道

——《活法》

热情

在人生和经营中

用百米冲刺的速度持续奔跑

绝不是不可能的事情

付出不亚于任何人的努力

我最初自己并没有想过要创业。前面也提到过，在之前的公司工作时，由于技术问题与上司发生了冲突，年少气盛的我当即就说："那我不干了！"离开了公司。

当时的我没有其他去处。正好之前巴基斯坦某陶瓷公司的老板儿子到日本技术研修时，我手把手地教了他很多东西，所以他邀请我去巴基斯坦。我当时的月工资是 15000 日元，但这家巴基斯坦公司开出了月薪 30 万日元的天价，我真的动心了。

但是，大学时代的恩师告诫我说，"你打算这样零敲碎打地出卖你的技术吗？现在你的技术虽然领先，但当你回到日本时就会落后，作为技术员，到时你将难有出息。”这一句话让我放弃了巴基斯坦之行。这个时候，之前公司的一位上司和他的朋友来劝说我：“你的技术就这样被埋没实在太可惜了，开始创业吧！”他们出资 300 万日元作为资本金，为我创办了公司。

支援我的核心人物是毕业于京都大学电气工学部的一位先生，年龄与我父亲相仿。他在寺庙里长大，是一位很有见识的人。

他经常对我说：“我不是作为资本家出资的，因为你很有人格魅力，我就想帮你一把，所以我才出钱的。但经营企业不止为了赚钱。让金钱左右企业经营可不行。”他这话我一直记着。

实际上，当初别说企业经营，就连股份方面的知识，我也完全不懂。但他不但让我持股，而且完全信任我，对我说：“企业就由你来经营。”把公司所有的事务都交给了我。这就是京瓷公司成立的缘起。

而且，这位先生更是将自家的土地、房产

做抵押，从银行贷款1000万日元当作公司的流动资金。他的太太也非常了不起，自家的房子变成了抵押品，一旦新公司遭遇挫折，她就可能无家可归。但她却说："男人之间惺惺相惜倾囊相赠，不正是你为人的宗旨吗？"

京瓷公司就是这样一家"以心为本"的公司。正因为如此，自创业以来，抱着"决不能破产！""无论如何必须偿还借款！"的信念，我昼夜不分，真可谓付出了不亚于任何人的努力与热情，全力以赴地投入经营。

我经常用马拉松作为比喻，来和员工们讲述京瓷的经营。

"京瓷是一家刚刚诞生于京都的企业，就像一个初出茅庐的年轻人。这个年轻人拼命努力练习长跑，但他穿着胶底的连袜鞋和细筒裤，十分寒酸，根本不像马拉松选手。但是，看到他拼命奔跑的样子，有人说：'看样子他能跑上一阵。'于是从背后推了他一把，年轻人跌跌撞撞跑起了马拉松，跑进了企业竞争的经营比赛。"

京瓷创业于 1959 年。如果将战争失败、日本经济崩溃的 1945 年作为日本企业竞争的新起点，那么京瓷的参赛是非常晚的。

在这场比赛中，有很多百年老店的大企业，他们就像拥有丰富经验和良好实绩的著名马拉松选手们一样，很早就开始了训练。这样的企业非常清楚应该如何合理分配体力，才能跑完 42.195 千米的全程。此外，还有很多战后快速发迹的企业家，他们充满活力，积极参与竞争。就这样，从 1945 年开始的这场比赛中，原先的著名选手和后来的实力派新人，一起开跑。

在他们起跑了 14 年之后，有个叫京瓷的新人选手姗姗来迟，加入比赛。假设把一年比作跑一公里的话，那么领跑的阵营已经领先了 14 公里。在这种情况下，这个从乡下来的业余选手，如果还是按照自己的节奏慢悠悠跑的话，根本没有胜算。

所以，我一开始就全力奔跑，也就是用百米冲刺的速度跑马拉松。我夜以继日，拼死狂热地工作。看到这种的景象，员工和投资人自然都提醒我说：“这样蛮干，这么拼命地工作，会把身体搞垮的。企业经营是长途赛跑，像你这样一开始就拼命狂奔的话，会喘不上气，中途就会倒下，不可能跑到终点。”

但是我认为，既然已经参加了比赛，就要用百米冲刺的速度，多少也要缩短与领跑阵营之间的距离。而且，如果一开始就注定无法获胜，那么至少也要在前半程拼命冲刺，多少也要让世人认识到我们的存在。所以，我坚持全力奔跑。

于是有趣的事情发生了，以百米冲刺的速度持续奔跑，我们并没有倒下，仍然健步如飞。而且，公司不断发展壮大，超越了那些原先领先的企业，成为行业第一。

姑且不说真正的马拉松，在人生和经营中，以百米冲刺的速度持续奔跑，是完全可能的事。

所以，在人生的旅途中，请大家一定不要选择轻松安逸的道路，一定要迸发热情，付出不亚于任何人的努力，认认真真度过每一天。

诚实正直

——用正确的方式做正确的事情

真挚

坚守正道

以至诚之心做事

不要讨好迎合别人

不能处世圆滑

不能随便妥协、丧失原则

不管有什么障碍，自己必须正直

人这种动物，一旦陷入困境，即使良心明知不对，也会姑息自己："稍稍越线应该没问题吧！"不知不觉就干起了坏事。极端的情况下，还会自欺欺人："只要结果良好，可以不择手段。"若无其事地为非作歹。

一定要坚守正道，以至诚之心做事。不要讨好迎合别人，不能处世圆滑，不能随便妥协、丧失原则。

不管面对怎样的困难局面，都必须贯彻正道，即要贯彻正确的为人之道，坚持真挚的人生态度。

说到这一点，我想起了创办京瓷之前在一家企业工作的经历。我大学毕业后进入这家企业，前面也提到过，由于成功开发了镁橄榄石这种高频绝缘性能优异的精密陶瓷材料，我所率领的研发部门得以独立，在我入职的第二年，就实际上掌管了这个部门。

从小时候开始，我就有强烈的正义感，见不得不正当的、违背良心的、不诚实的事。可能也是出于这个原因吧！我要求至少自己这个部门，要成为一个风清气正的部门。希望在这个部门里，大家都能找到工作的意义。

我工作的那家公司主要生产输电线路用的绝缘瓷瓶，是一家历史悠久的企业，但二战后由于业绩低迷，劳资双方争议不断。

公司由于不断亏损，工资待遇也很差。上班时间大家都磨洋工，没有必要加班却都要加班，以赚取加班费，这种情况非常普遍。这样一来，人工费上升，导致产品成本也随之上升。考虑到这一点，我就在部门内提出禁止加班的规定。

结果，员工们非常不满。其他部门的员工都磨洋工，赚取加班费，只有我们部门，不仅要拼命干活，而且连一分钱的加班费也赚不到，大家都牢骚满腹。

为此，我这样告诉员工：

“虽然现在大家都很辛苦，但不加班、不产生加班费的话，我们的产品成本就能降低，就会有竞争力，将来肯定会有大量的订单。到时候即便不想加班，也要请大家加班。为此，我们要努力，要忍耐。”

一部分有良知的人对我的说法表示赞同，但另外一部分人认为：“你连管理层都算不上，却比老板还苛刻，这是欺负我们员工。”结果，工会成立了调查委员会，列举了我的罪状，对我展开围攻，美其名曰“人民审判”。

一进公司大门，正面就有一个水池，旁边堆放着几个装有瓷瓶的木箱，当时我被要求站到木箱上接受“批斗”。

“这个人就是公司的走狗，剥削我们工人，向公司献媚。正是因为有了这样的人，我们普通劳动者才艰难度日。这样的人应该滚蛋。”

以这样的发言为开端，围着木箱的工会成

员齐声附和，试图让我当众出丑。

但是，我毅然决然反驳道：

“各位想开除我的工会干部们！那些把我视为问题的人，尽管我对他们说明了公司现在的困境，劝他们认真工作，他们还是当耳边风，仍然消极怠工。如果你们支持这些怠工的人，公司一定会破产。

“怠工的人做着让公司破产的事，毫不在乎。到底是他们说得对，还是坚持正道的我说得对，请大家判断。如果大家认真思考后，还是觉得我应该辞职，那我就欣然辞职。”

我之所以这样地义正词严，理直气壮，是因为内心的正义感迫使我不吐不快。不管处于何种不利的状态，这种正义感都促使我要贯彻正道。

有一次，我由于讲话非常严厉，不但遭到某些员工的抨击，甚至有几个人受他们的唆使，晚上伏击了我。那个时候的伤疤现在还留在我脸上。

在他们看来，教训我一顿以后，或许明天

我就不会去上班了。但是，第二天我打着绷带，照样上班，大家都吓了一跳。从此以后，他们就不敢再威胁我了。

我相信自己的行为是正确的。同时，我非常苦恼："明明我是对的，为什么大家都不理解呢？不仅不理解，还讨厌我，这是为什么？"我也感到了孤独。

工作结束后的深夜，我一个人坐在宿舍旁的小河边，一边想家一边流泪，口中轻轻地吟唱《故乡》的一段歌词："追逐兔子，在那山上……"不知什么时候，这件事情在宿舍传开，大家都知道"稻盛又在小河边哭鼻子了"。就这样，我一边唱歌，一边忍受孤独，贯彻自己的志向，决不动摇。

那个时候，我经常这样自问自答：

"我认为自己所说的是对的，但与同事的关系却因此搞僵了，部下对我也有意见。为了圆滑处世，扭曲自己的信念，多少迎合一下大家，这才是正确的吗？"

但不管怎么翻来覆去地思考，我还是认为

信念不能扭曲。“即使遭部下讨厌，但我还是主张正确的就是正确的，不能含糊！”最后，我得出这样的结论，一定要把心镇静下来，重新鼓足勇气，回到宿舍。

沿着自己相信的正确方向，我只顾埋头向前。被我这样的态度所感召，很多上司、前辈和部下都开始追随我。他们后来都成了京瓷的创业成员，成了推动京瓷发展的骨干人才。

我常扪心自问：“作为人，何谓正确？”若相信是正道，就要坚决贯彻到底。明知困难重重，也要愚直地贯彻正道。这种真挚的态度一时可能会招来周边人的反对，招致孤立，但从人生这个漫长的时段来看，一定是善有善报，一定会带来硕果。相信这一点，决不妥协。选择这样的人生态度非常重要。

意志

如果想要实现高目标

就必须抱有强烈的意志

“无论如何也要瞄准山顶，笔直攀登。”

必须以垂直攀登的姿态进行挑战

敢于设定高目标，从正面挑战

京瓷最初借用了宫木电机位于京都中京区西京原町的仓库，才开始创业。

有一位对当时情况非常了解的原京瓷干部后来告诉我，我当初经常对员工们说这样的话：

“好不容易成立了京瓷这家企业，让我们一起好好努力，先让京瓷成为原町第一，成为原町第一后，再成为中京区第一；成为中京区第一后，再成为京都第一；成为京都第一后，再成为日本第一；成为日本第一后，再成为世界第一。”

创业不久，我就利用各种机会，反复讲述这一番话。

在去往公司的路上，有一家叫京都机械工

具的公司，生产螺丝刀和扳手之类的汽车修理工具，向汽车企业成套供货。工厂从早到晚，锤声不断，经常可以从墙外看到员工们紧张工作的场景。

我晚上十一二点回家时，他们还在工作。第二天早上我来上班时，他们仍然在工作，甚至让人搞不懂他们到底什么时候睡觉。

我说了要成为原町第一，但要成为原町第一，就必须超越这家京都机械工具公司。更何况再成为中京区第一的话，就更困难了。后来出了诺贝尔化学奖得主的岛津制作所就在电车道的另一侧。我的专业是化学，大学时代就用过岛津制作所的测定仪器，知道那是一家技术非常杰出的公司。

要成为中京区第一，就要超越岛津制作所。连我自己也觉得不太可能，但我还是坚持诉说梦想：“中京区第一、京都第一、日本第一、世界第一。”

同时，要成为世界第一，就必须有与之相应的思想和哲学。我常以登山为例来思考这个问题。

是像学校徒步旅行俱乐部那样，仅仅以郊游的心态爬上附近的小山，还是在严寒的冬季攀登世界最高峰。这两种情况下，所需的装备和训练是完全不同的。

那么，京瓷瞄准的是哪座山峰呢？是从风险企业起步，作为中小企业和中坚企业上市，初具规模后就将其视为成功，还是要瞄准世界第一，继续付出不亚于任何人的努力，不断向上提升呢？

如果是前者的话，只需要普通的装备就行，就是说如果只是要实现登上小山丘这个小目标的话，一般的哲学和思维方式就足够了。但如果是后者，要瞄准世界第一的话，就必须有与之相应的严肃的、卓越的哲学和思维方式。

我跟员工们是这样说的：

"在我的人生中，我想要攀登的是那座最高的、最险峻的山峰。在之前的公司从事研发工作的时候，我也不自量力，一心想要攀登似乎高不可攀的山峰。现在也是如此，我们正在攀登的是垂直耸立的绝壁，就像攀岩运动员那样，正在垂直登攀。希望大家一定跟上来，不要落伍。”

但是，要垂直攀登如此险峻的山峰，一不小心手一滑，或脚一踩空，就会坠入万丈深渊。人人都心生恐惧，双手僵硬，两腿颤抖。甚至有人说：“不行了，我想退出。”

即便在这种情况下，我还是不为所动，毅然继续攀登。但忽然间我也会这样问自己：“如此严酷的人生态度无法让人追随。既然大家都这么想，那么，为什么非垂直攀登呢？可以采用迂回的办法，从山脚下绕道，慢慢攀登。”

但我在扪心自问之后，就会转变这种念头：“不，我决不选这种悠然的方法，因为这是恶魔的谎言。”

险峻的高山代表高目标。所谓从容地迂回攀登，就意味着向社会、向常识妥协。不仅如此，也是自己向自己妥协。采取这种妥协的姿态，就远远达不到当初描绘的目标，最后只能带着遗恨走入人生的终点。

为了真正地实现高目标，哪怕无人跟随，哪怕可能摔落，我也要紧贴岩壁，冒着危险，垂直攀登。

我曾担心：如果这样的话，跟我一起创办京瓷的七个伙伴，可能都不再追随我。这个时候，我曾对妻子说："即使所有人都离开了，只剩你一个人，你也要相信我，跟随我，在后面推我一把。"这话我至今记忆犹新。

这不是对妻子说什么"甜言蜜语"。谁也不肯追随，那真的可怕，令人恐惧。所以我是认真请求妻子，慎重择言："请你相信我，剩你一个人也要跟着我！"

"哪怕只有妻子一人相信我，始终追随我，那我也不会害怕，不管遇上什么困难，我都会垂直攀登，决不半途而废。"我已经下定决心。

实际上，我从之前的公司离职的时候，在陶瓷粉尘中同我一起奋斗的七位伙伴相信了我，追随了我。我同这些心心相连的伙伴一起，创立了京瓷。此后，我们仍然坚持垂直攀登。

要想实现高目标，就必须怀抱强烈的意志：

“无论如何也要瞄准顶峰，笔直攀登。”必须以垂直攀登的姿态进行挑战。不管是多么险峻的山峰，都要坚持笔直攀登。这就是在人生中成就事业的要谛。

勇气

所谓勇气，既不是自信臂粗力大

也不是敢打架的蛮勇

原本性格温顺，甚至胆小的人

历经修罗场和严酷考验

锻炼出来的胆略

才是真正的勇气

能舍弃自我的人才是真正的强者

看上去臂膀粗力气大、豪言壮语脱口而出的人，往往被认为有胆量，可以依靠。但一旦有事，这种人往往派不上用场。我曾多次碰到这种嘴上厉害、实际靠不住的人。相反，有一些平时看起来胆小谨慎、性格细腻的人，在紧要关头，却能发挥出勇气。我注意到了这一点。

当回顾过往这些经验时，我意识到，所谓勇气，并不是自以为力气大、逞勇斗狠，这些不过是蛮勇而已。原本性格温顺，甚至胆小谨慎的人，历经修罗场，历经严酷考验，锻炼出来的胆略，才是真正的勇气。

我之所以这么想，可能是因为我自己原来也是一个爱害羞、胆小怕事的人。从孩提时代开始，我就是一个爱哭虫。在小学低学年的时候，我是窝里横，尽管在家里很任性，但不敢一个人去学校。母亲送我，我才愿意去，但当母亲把我送进教室后要回去的时候，我就会“哇”的一声哭出来，我就是这样一个胆小鬼。

后来，虽说成了孩子王，但是我天生的性格并没有改变。大学毕业后刚从鹿儿岛来到京都时，由于只会讲鹿儿岛方言，所以非常害怕用普通话接电话。每当身边的电话响起时，就希望有其他人替自己去接听。我就曾是这么一个不靠谱的乡下青年。

因为这种性格，所以创办京瓷时，我曾经非常担心自己是否当得了经营者。自己当经营者、当领导者，能够胜任吗？我不仅没有自信，甚至疑虑重重。

但另一方面，7 名创业伙伴信赖我这个年仅 27 岁的小青年，将自己的人生托付给我；还有刚刚初中毕业的 20 名年轻员工，他们对人生充满了美好的期待，我绝对不能让他们流落街头！一种强烈的责任感在我心中升起。“无论如何都不能让公司垮掉。”“无论如何都要让事业成功。”我头脑里只有这种念头。就是这种“必须守护公司”“必须守护员工”的义务感和责任感，给了我巨大的勇气。

说到这里，我想起了这么一个故事。

当时，京瓷创业时租用的仓库，作为生产场地已经不够用，于是我们在滋贺县建设了新工厂，因此，员工们需要往返于京都和滋贺之间。有一天深夜，警察突然打来电话：“你们公司的员工，在滋贺县的国道上撞死人了，你马上来一趟。”我记得是晚上两三点的时候，放下电话后，我立刻奔赴现场。

我从警方那里得知，我们的员工深夜开车往滋贺工厂搬运物资，在返回京都的途中，没来得及避开路上突然窜出的一名男性，撞死了对方。被撞身亡的这位，刚刚从居酒屋喝完酒出来。

开车的员工是大学毕业刚刚工作一两年的年轻人，平时工作非常认真。我到现场的时候，他由于自责，已经神志不清，正在大哭大叫。

警察也非常担心，甚至怕他冲上汽车飞驰的国道自杀。

离现场50米左右的地方，正好有一家小餐馆，为了设法让这位员工平静下来，我征得警察的同意，把他带到了这家餐馆。我对他说：“你从晚上到现在还没吃饭吧！赶紧先吃点东西。”但他仍然不停地哭泣，连筷子都不碰。没办法，我只能让他在角落的椅子上休息，我自己却不敢合眼，在一旁一直守到天亮。

早上接受完警方的讯问后，我带着员工前往被撞身亡者的家中，登门致歉。但是，到了门口，这位肇事员工双腿发抖，连门都进不去。没办法，我只好站到前面，向对方说明我是这位员工的社长，现在来登门道歉。

“我的员工犯下了无法挽回的错误，实在不知道应该怎样致歉才好。”我一边跪着磕头，一边说道。但是，死者家属却回以怒骂：“滚回去！还我家人！”这时候，遗体已经安放完毕，很多家属也都来了，我们觉得实在待不下去了。

肇事员工紧紧靠在我的背后，只是一味地哭泣。我一边安抚他，一边恳求家属："实在是对不起，这是我的员工犯下的错误。无论如何，请允许我来负责。但今天请一定允许我们为逝者上香。"可能是看到了我们的诚意，我们最终被允许为逝者上香。

从逝者家中返回时，我对员工说："所有的责任都由经营企业的我来承担。我会全部处理好，你不用担心，振作起来。"听到我这么说，这位员工终于从错乱中慢慢地恢复了过来。

此后，对于罹难者家属，我们尽了当时京瓷的最大可能，给予赔偿。虽然我们做的可能仍然不够，但最终我们还是得到了家属的谅解。

发生那次事故的时候，我应该还没到30岁。应该如何应对，我也没有经验。如果按照我原来的精神状态，一定也会吓得够呛。但是，我想到无论如何也要保护这位员工，对他造成的事故，公司必须赔偿。这样的念头让我内心生出意想不到的勇气，一步也不逃避，正面面对，着手解决眼前的问题。

这样的经验告诉我，不管遭遇怎样的困难，拿出勇气从正面去解决。这是非常重要的。

产生这种勇气的源泉，就是对对方的关爱之心。只要能舍弃自己，不顾自己的得失，全力为别人付出，这时候真正的勇气就会涌现。

钻研创新

——今天胜过昨天、明天胜过今天、后天胜过明天，不断改良改善

完美

疏忽了最后的 1% 的努力

可能会前功尽弃

为了让自己的努力开花结果

必须始终追求完美

追求完美的态度带来自信

我从年轻时开始，就将“贯彻完美主义”作为自己的座右铭。

“贯彻完美主义”这一条，既是我自身的性格使然，也是我从事研究开发这一创造性工作所得出的经验。

当挑战从来没有人涉足过的研发课题时，由于没有实验数据等可以参考的资料，所以必须从零开始，必须用自己的手去摸，用自己的脚去踩，所有的事情都必须靠自己论证，由自己证实推进。就是说，必须把自己作为指南针，确定前进的方向。

这个时候最重要的，就是对自己的信心。对自己的品格、对自己的技术、对自己本身，必须抱有确信，必须确凿无疑。如果缺乏自信，认为自己不可能完美，以半吊子的心态投入工作，那么，对于结果也不会有自信。这样的话，绝对无法从事创造性的工作。

以陶瓷为例，比如说，有时候要混合好几种原料，只要放错了一种原料，或者搞错了分量，或者是混合方法不对，都无法做出自己理想中的陶瓷产品。

实际上，在我自己做实验的时候，就曾有这样的情况：

在实验室混合原料粉末的时候，需要使用玛瑙制成的研钵和研棒。“要合成这样的陶瓷材料”，于是将计算好分量的原料放进研钵进行混合。混合的时间越长，原料混合得就越均匀。但是，花多少时间才算混合好呢？这是一个问题。

制造陶瓷材料，需要混合氧化镁、氧化钙等原料粉末。为了便于理解，大家可以把它们想象成小麦粉。比如说，要将不同颜色的小麦粉进行混合。最初看上去是一块块不均匀的颜色，拼命搅拌混合后，颜色变得一致。如果是液体的话，这样就可以说是混合均匀了。但因为是固体，就不知道到底混合到什么样的状态才能说是均匀。

即使把颗粒磨细到直径千分之一毫米的大小，从微观角度来说，也不能说完全混合了。所以，如果想充分混合，就会有一个问题，就是到底应该混合到什么程度才算混合好。

不管是使用研钵混合，还是用“罐式球磨机”这种一边转动一边粉碎混合的机器来混合原料，都很难判断到哪个时间点才算完全混合好了。

所以，我用研钵混合粉末时，经常会思考：“仅仅一个混合的步骤，就已经很困难了。但是，如果不将所有流程都完美实施，就无法做出理想的产品。要制造出完美的产品，究竟应该怎么做？”

假设某个步骤由于稍有疏忽而失败，那么，到此为止所使用的所有材料、加工费、电费和一切其他投入都付诸东流。

这不仅会给公司带来损失，还可能导致交货延迟，给客户带来麻烦。

京瓷规模还小的时候，几乎全都是直接从客户那里接订单进行生产。销售人员去拜访客户，与客户商讨，客户会说："我要做这样的陶瓷零部件，什么时候必须交货。"于是我们的销售人员会回答："一定按期交货。"接下订单。客户就会按照零部件的交期，制定用到这个零部件的产品生产计划。所以我们必须在规定的日期前交货。

但往往就是这种时候，眼看就要到交货期了，结果由于一个小小的失误而失败。如果说从原料混合到成品完成需要 15 天的话，如果在最终出货前的节骨眼上失败，就要重新再花 15 天。于是不得不对客户说："请再给我们 15 天的时间。"这样的话，客户就会劈头盖脸地怒骂我们的销售人员"就是因为把订单交给了你们这种不靠谱的破公司，才把我们的生产计划都打乱了""再也不跟你们做生意了"等。销售人员垂头丧气地回到公司。然后我们不得不再次拜访客户，真心诚意地解释，尽量得到客户的谅解，尽可能早点交货。正因为体会过这样心酸的经历，所以我深切地感受到，哪怕是一个小小的错误，也会导致严重的后果。所以京瓷迄今为止都贯彻完美主义的方针。

就是说，从制造到交货的全流程，哪怕只有百分之零点几的失误，也会导致之前所有的努力都化为泡影。所以必须时刻保持紧张感，彻底贯彻完美主义，追求完美。产品制造的世界就是这么严格。

人生也和工作一样，疏忽了最后的1%的努力，就可能前功尽弃。要让自己的努力开花结果，必须始终追求完美。

逆境是再次起步的绝佳时机

——《活法叁：人生的王道》

挑战

要想成就新事业

就必须持有斗争心

“无论如何要干到为止！”

只有不管遭遇什么困难

都能顽强努力、坚决克服困难的人

才能从事挑战性的事业

持有决不放弃、不屈不挠的斗争心

“挑战”这个词，听起来振奋人心，很有气概。但要成就新事业，就必须持有“无论如何都要干到底”的斗争心。如果不是这样，只是把“挑战”这个词挂在嘴边，光打雷不下雨，那就不过是空话而已。我认为，只有不管遭遇什么困难，都能顽强努力、坚决克服困难的人，才能从事挑战性的事业。

当各种困难和压力向我们袭来时，我们往往会畏缩不前，或者改变当初的信念，妥协退让。而战胜这样的困难和压力的能量，来源于当事人持有的不屈不挠的斗争心。“绝对不能输，一定要成功。”必须燃起这种激烈的斗志。

京瓷内部常说：“觉得不行的时候，才是

工作的开始。”这句话来源于我年轻时的经验。

我创办京瓷后不久，为了确保以后有饭可吃，就要不断去开拓新客户，经常上门推销。但是，因为当时的京瓷既没有名气和信誉，又没有实绩，上门推销时，总是被冷淡拒绝。

我记得最为屈辱的一次经历是拜访某知名大型机电厂家。那个时候我真的是什么都不懂，一心只想见到对方真空管制造部门的技术人员，于是就突然上门拜访，结果门卫让我吃了闭门羹：“我们不接待没有预约的突然来访。”

但我不死心，拜访了很多次，最终好不容易见到了相关的技术人员。但这位技术人员毫不客气地拒绝我说：“你根本不了解我们公司，我们是财阀系企业，只从同一财阀系列企业中采购陶瓷产品。像京瓷这样，既不属于同一财阀，又没有实绩、没有知名度的企业，突然来人推销，我们绝对不可能采购。”

包括这种财阀系企业间的采购限制在内，横亘在眼前的障碍怎么才能突破，当时的我根本没有头绪，同行的年轻销售员心情沮丧。我想，作为领导，自己不能垂头丧气。于是我说道："被拒绝的时候才是工作的开始，思考如何打开困难局面，正是我们的工作。"一方面鼓励灰心失望的年轻销售员，另一方面这也是说给我自己听的。

就是这样，不管遭遇什么困难，都决不放弃，坚韧不拔，不断拜访客户，努力获取订单。如果将这种努力做一个比喻的话，就是滴水穿石。就是说，仅仅是一滴水的话，当然无法穿透岩石，但只要无止境地持续不断，哪怕是小小的水滴，也能洞穿岩石。

用这种强烈的意志不断挑战，最终必能杀出一条血路。事实上，既没信用，又没实绩，也不属于任何财阀的京瓷，最终还是从前面说到的那家似乎不可能取得订单的公司那里拿到了订单。除此之外，京瓷也拿到了其他大型电器公司的订单。

京瓷就是这样一家企业，用顽强的意志挑战困难的局面，获取被认为不可能取得的订单。而且，不管订单的技术难度有多高，都拼命努力，全力争取在约定时间内交货。就这样不断开拓新客户，不断提升业绩。

这个时候，重要的是相信自己的可能性，持续不断探索解决之道。迄今为止，不管遭遇怎样的困局，我都会想：“以前的方法或许不行，但一定可以找到其他方法，杀出一条血路。”进而拼命思考打开困局的方法。不管面对怎样严峻的、困难的状况，都要绞尽脑汁，思考一切条件，探索克服困难的具体方法。

要想挑战获得成功，必须像这样努力钻研创新，就是思考解决问题的具体方法，并秉持“不离不弃”的姿态。所谓挑战，并不是单纯的勇气，也不止是坚韧不拔；也不是仅仅相信可能性就行。必须彻底地思考怎么做才能打开困难局面的具体方略。

不管遇到怎样的困难，都要相信自己的可能性，决不放弃，坚韧不拔，持续思考，钻研创新，“这么做试试，那么做试试”，只有付出了不亚于任何人的努力，才能打开困难的局面，从而挑战获得成功。

创新

每一天的钻研创新

哪怕只是前进一小步

但日积月累就能跨出一大步

实现重大的革新

倾注全力于今天，不断从事创造性的工作

从企业还不到百人规模时开始，我就不断讲述："京瓷要放眼全球，向着全世界的京瓷前进。"企业虽小，却放眼全球，这就是树立远大的目标。因为自己设定了远大目标，就能够朝着这个目标全神贯注，成就连自己都无法想象的伟大事业。

但实际上，我不是只瞄准了这个高目标，而是全力以赴、努力过好每一天。

"全力以赴地过好今天这一天，就自然能看清明天；全力以赴过好明天，就能看清一周；全力以赴过好一周，就能看清一个月；全力以赴过好一个月，就能看清一年；全力以赴过好今年一年，就能看清明年。全神贯注于眼前

的每一个瞬间，活好当下这一刻。这才是关键所在。”

我就是这样想的。首先是拼命努力，不折不扣完成每一天的目标。

制定了远大的目标，但如果自己的脚步过于缓慢，迟迟没有进展的话，大多数人都会放弃原先的目标。然而我只在意眼前的每一天。努力工作，一天很快就会过去。但是，每天一步一个脚印地不断努力，曾经遥不可及的世界第一的目标也能够达成。

一旦想到路途那么遥远，人就容易产生无力感，继而产生挫折感。将揭示的远大目标埋藏于潜意识，扎扎实实地走好眼前的每一步。只要如此不断坚持，就会到达连自己都无法想象的境地。

话虽然是这么说，但一天又一天、默默重复平淡的工作，人就会慢慢失去工作的劲头。为此，我找到了一个诀窍，它可以让枯燥的工作变得有趣，可以让平淡的工作加快速度。这个诀窍就是“钻研创新”。

“钻研创新”这个词听起来好像很难，但其实就是明天胜过今天，后天胜过明天，对工作加以改良改善而已。即便是同样的研究、同样的工作，今天用这个方法试试，明天思考效率更高的其他方法。我就是这样，时时用心，不断钻研。正是这种钻研创新，会带来连自己都意想不到的惊人进步。

每一天的钻研创新哪怕只是前进一小步，日积月累也能够跨出一大步，达至重大的革新。京瓷的足迹就证明了这一点。

京瓷创业的时候，精密陶瓷制品的尺寸精度很难控制，特性也不好发挥，所以作为工业材料并不被看好。但是，最晚入行的、最弱小的京瓷，不断挑战连大企业都望而生畏的高规格新产品，以及那些看上去无法盈利的高难度产品，并接二连三地取得了成功。而且，京瓷将精密陶瓷的应用范围拓展到了无法想象的全新领域，开拓了全新的市场。

京瓷的这种持续挑战，让精密陶瓷成了今天人们生活中不可或缺的工业材料，被应用于各种领域，特别是尖端的高科技领域。

比如说，世界上第一个成功从小行星上带回物质样本的日本小行星探测机器人“隼”号，其锂电池中就使用了在强度、耐腐蚀性、耐热性、绝缘性等方面均非常出色的京瓷精密陶瓷部件。另外，日本引以为豪的超级计算机“京”的心脏部分，也使用了京瓷的“陶瓷封装”。

京瓷能够作为精密陶瓷行业的先锋，为产业界及科学技术的进步做出贡献，也得益于始终专注于创造性的工作，努力让明天胜过今天、后天胜过明天、永不停止地钻研创新。

所谓实现梦想，除了每一天扎扎实实努力地不断积累以外，别无他法。

愈挫愈勇

——灾难是上天赐予的宝贵礼物

苦难

面对困难和逆境

不要消极悲观、不要哀叹、不要消沉

要将其视为磨炼心志的绝佳机会

正面面对，勇敢挑战

这一点非常重要

人在忍受艰难中成长

小的时候，父母经常教导我：“有钱难买少年苦。”每当这个时候，我总会反驳说：“那你们可千万别卖啊。”现在回想起来，父母说的确实是对的。

艰难困苦，是让人重新认识自己、实现自我成长的难得的宝贵机会。正所谓“艰难困苦，玉汝于成”。正是因为有了艰苦的经历，人才能得到磨砺。不经历艰苦，人格很难提升。

重要的是：面对困难和逆境，不要消极悲观，不要哀叹，不要消沉。而要将其视为磨炼心志的绝佳机会，正面面对，勇敢挑战。

为明治维新立下汗马功劳的伟人，我的同乡前辈西乡隆盛，曾有这样的经历。

佩里船长打开日本的国门之后，日本国内拥立天皇、击退外敌的“尊皇攘夷”思想开始抬头，西乡隆盛也走上了这条道路。但是幕府对反幕府派进行了大规模镇压，史称“安政大狱”。京都的清水寺里有一位僧侣，他也支持“尊皇攘夷”运动，因此受到幕府的追捕。两人之前时常一起探讨日本的前途，是志同道合的挚友，所以西乡为帮助他逃脱追捕，就带他逃回了萨摩藩。

但是，曾经重用西乡的萨摩藩先代藩主已经去世，掌握实权的是他同父异母的弟弟。这位弟弟有自己的主张，萨摩藩不愿庇护这名僧侣。西乡觉得自己无力保护这位僧侣是一种耻辱，于是两人一起在锦江湾投水自尽。附近的渔夫看到漂浮在江面上的两人，将他们救出，这时僧侣已气绝身亡，但西乡却奇迹般地活了下来。

一起投江的挚友死了，自己却活了下来，这对珍视自身品格的萨摩藩武士来说，是无法承受的耻辱。因此，包括亲戚在内，西乡身边的人，都担心西乡会自杀，所以把他身边的刀剑都藏了起来。

萨摩藩对于应该如何处置西乡伤透脑筋。对于年轻且有很高声望的西乡，不能置之不理，但另一边又面临幕府的压力。他们苦思的结论是让西乡改名，并把他藏起来。所以，他们一边声称西乡已在锦江湾投水而死，一边把已改名的西乡流放到了奄美大岛。

当时，奄美大岛因萨摩藩的暴政，非常贫困。西乡在这个贫困的岛上被幽闭了两年。但即便是在受难期间，西乡也坚持自学四书五经和阳明学等中国古典学说。

两年后，西乡回到了动荡中的鹿儿岛，当时已是幕府末期。听到西乡回来了，鹿儿岛的年轻人纷纷聚集到他身边。但是，这又触怒了藩主父亲，他们以西乡煽动激进派的年轻人为罪名，再次将西乡流放到孤岛。

这次西乡被流放到了比奄美大岛更远的名为冲永良部的偏僻小岛。这个岛的生活条件更是艰苦到了极点。在没有外壁、漏风漏雨、仅仅两坪的茅草牢房里，连洗澡都不能。西乡因此须发虬髯，蓬头垢面，身上还发出臭味。但即便如此，他仍然端正姿态，坚持坐禅。

看到西乡如此泰然，一位萨摩藩下级武士震惊于他的崇高品格，觉得萨摩藩对待西乡的方式过于残酷，于是在自己家的客厅里设置了牢房，收容了他。这是将萨摩藩命令的“无须有墙壁，只要能挡雨就行”的条件扩大解释，向西乡伸出了援助之手。

西乡在这个客厅牢房中坐禅，阅读古代经典，进一步磨炼自己。从结果来看，这件事可能反而帮助了西乡。他在岛上被幽闭期间，以吉田松阴为代表的许多志士都因安政大狱等事件被杀害了。如果西乡当时留在京都或江户，很可能也会被幕府所杀。似乎是时代在呼唤西乡。从冲永良部岛回来以后，西乡东奔西走，活跃在明治维新的舞台上。

我从小时候开始，每当遇到困难时，都会仔细体味西乡的事迹。前面曾提到过，我小时候得过肺结核，这在当时是不治之症；小学考旧制初中两次失败；在战争眼看就要结束时，家里的房子又在空袭中被烧毁；哥哥和妹妹为了让我上大学，放弃了自己的学业；考大学不顺利；由于没有人脉，就职考试又遭失败。我哀叹自己命运不济，愤世嫉俗，甚至想过要当“知识型黑社会团员”。

回顾过往，虽然自己跟西乡不能同日而语，但也正因为克服了重重困难，我的意志才坚强起来，才成就了今天的我。如果我出身于富裕家庭，成长于优越的环境，不知辛苦为何物，顺利考上理想的大学，人生一帆风顺的话，那么，我的人生结果将会截然不同。

初中入学考试失败，大学入学考试失败，就职考试也失败，我度过了充满屈辱的灰色少年时代和青年时代。在别人看来，或许认为我很不幸。当时，我自己也常常哀叹“我是多么倒霉啊！”

但是，现在想起来，正是因为有了艰苦的少年时代和青年时代，才有了现在的我。

如果我没有经历过艰难困苦，就不能提高

人格。即便创办了公司，也无法获得部下的尊敬和信赖。也许正是因为青少年时代经历的种种艰辛，人格得到磨炼，我才能成长为经营者。

就是说，我少年时代的艰难与不幸，是上天为了让我此后获得幸福而赐予的宝贵礼物。

身处逆境，反过来要对上天给予的逆境心怀感谢，要勇敢面对。抱有这种心态的人，他的艰苦经历必将带来日后美好的幸运。我坚信这一点。

忍耐

即使意识到自己犯了错误

也不要再一味地烦恼

要避免再犯同样的错误

以新的思维投入新的行动

遭遇灾难是消除过去的业障

在人生中，忧虑和失败等让人烦心的事经常发生。但是，覆水难收，总为已经发生的失败而悔恨烦恼，毫无意义。

这个道理即使明白，我们还是会想“那事儿当初如果做好了，就会如何如何……”而烦恼不已。老是痛苦烦恼就会引起心病，接下来就会引发身体的毛病，最终给自己的人生带来不幸。感性的烦恼会加重自己的心理负担，绝对要戒除。

已经发生的事情无法挽回。重要的是，如果已经意识到自己犯了错误，就不要再一味地烦恼，避免再犯同样的错误，以新的思维投入新的行动。

对于已经发生的事进行深刻反省，但不要因此在感情和感性层面上伤害自己。要运用理性来思考问题，迅速地将精力集中到新的思考和新的行动中去。这样就能开创人生的新局面。

我也有遭遇严重困难的经验。为了减轻那些骨骼和关节受损的患者们的痛苦，我们开发了用精密陶瓷制造的人造骨。当时发生了这样一件事。

以前，人造骨由金属制成。但是，金属进入人体后会溶解，会对人体会造成损害。为了寻求更为稳定的材料，实验结果发现陶瓷材料非常适合。所以针对因股关节受损而无法行走的患者，以及因高龄导致腰椎磨损而无法行走的患者，我们开发了用精密陶瓷制成的人工股关节。

我们完成了包括动物实验等在内的所有必要实验，并得到了厚生省（现在的厚生劳动省）的认证，于是我们开始销售。由于性能优异，得到了很高的评价，随之在全国各地著名的大学医院普及开来。

其中，有一家医院要求我们开发人工膝关节。因为有很多患者因膝关节损坏而无法行走，所以希望我们尽快制造出陶瓷人工膝关节。膝关节与股关节是两种不同的产品，必须进行充分的临床试验，单独获得厚生省的认证后才能销售，否则就会违反《药事法》。所以，京瓷一开始就拒绝了对方的要求。但对方还是非常执着地请求京瓷帮忙。

“患者们非常痛苦，而贵公司的产品就能帮助他们。陶瓷人工骨没有毒性，植入人体腰部的结果已被证实非常理想，一定能用在膝关节上。我们保证绝对不会出问题，请一定帮忙制作。”

看对方如此执着，我们也被打动了，为他们制作了样品。结果对方说：“试用效果很好，请再多生产一点。”于是此后我们继续交货。

几年后，某位国会议员提出了质询。

“最近有一家叫京瓷的新兴企业，利用患者的弱势地位，在没有取得认证的情况下就销售人工膝关节，获取暴利。”

这件事引起了骚动。报纸杂志纷纷以“缺德京瓷”为题进行报道。不论动机如何，手续不全肯定是事实。所以我们做了深刻的反省，公司也向大众做出了道歉，还受到了一个月停业整顿的处罚。此外，我们还决定自行向相关患者返还治疗费用。为了防止同样的事情再次发生，我们还在公司内部设置了特别监察对策本部，改进管理体制。但尽管如此，报纸杂志还是不依不饶，“缺德缺德”，连篇累牍，每天报道。那段时间，我真如芒刺在背，度日如年。

当时，我去拜访了我的导师、京都圆福寺的西片担雪老师。

“可能您在报纸上也看到了，我遇到了很大的麻烦，感到非常困惑。”

听完我的讲述，担雪老师笑着对我说：

“稻盛君，这是你活着的证据啊。”

我觉得自己正备受煎熬，老师却说什么“活着的证据”，实在无法理解，所以茫然地看着担雪老师的脸。

“正因为你活着，所以才会遭遇这样的困

境。如果死了的话，就碰不到这些问题了。这不是活着的证明吗？”

我心里想这不等于没说吗？但是，老师接下来的话，却让我醍醐灌顶，恍然大悟。

“是前世还是现世不知道，总之是你过去积的业，现在作为结果，表现出来了。确实，你现在遭遇了灾难，或许非常痛苦。但你造的业既然已经作为结果显现，这些业就随之消失了。业消了，可看作值得庆幸的事。如果消业的代价是失去性命，那很遗憾。但是报纸杂志批判一下就可以将事情了结，这难道不是一件值得高兴的事吗？倒是应该庆祝一下才好。”

这是我们在日常经营的过程中遇到的问题。不知道前世还是现世，不知道在何处造的业，以这样的结果显现。这个时候，老师告诉我说：“消业了，应该庆祝。”我的苦恼就在这一瞬间烟消云散了。

有时候，尽管做的是正确的事，也会遭遇难以承受的打击。这个时候，人会消沉，难以自拔，无法前行。但正是在这种时候决不可气馁，不可闷闷不乐，不可忧心忡忡，要在做出深刻反省的基础上展望未来，勇敢踏出新的、坚实的一步，这才是重要的。只有这么做，现在的挫折才会变成有益的教训，成为将来前进的动力。

积极

如果遭遇看似无情的灾难

就应该想

这灾难对我的将来必有好处

这是上天赏赐给我的“奖品”

好事坏事，都是考验

人生必有沉浮起落。既有走运的时候，也有遭难的时候。遭遇苦难时，忍耐是必需的。即使遭遇严重灾难，也不要怨恨，要一味忍耐。通过这种“忍耐”，人才能成长。

遭遇苦难时，有能够忍耐的人，也有不能忍耐的人，我认为，他们的未来将完全不同。是直面苦难，还是被苦难击垮；是放弃初衷，妥协了事，还是千方百计，努力克服苦难。人能否成长，这里就是分水岭。

上天绝不会给我们一个四平八稳的人生，一定会给我们各种各样的考验，让我们在应对考验中度过人生。

如何接受这类考验呢？有人用开朗、坦诚、

善意的心态接受考验，积极乐观，坚韧不拔，不懈努力；有的人以阴暗、悲观、扭曲的心态对待考验。采取哪种态度，人生将会迥然不同。

积极面对考验的人，就能开拓人生，取得进步。相反，消极面对考验的人，就会陷于悲惨的境地。而悲惨的人生又会进一步损耗人的精神，使人更加消极，更加萎靡不振。

重要的是，以怎样的态度面对考验。年轻时受了些挫折，就自暴自弃、糟蹋人生、毁坏人生，那怎么行呢？不管现在处境如何，在漫长的人生中，只要保持良好的心态，就能把人生变得美好。

现在正处在不幸旋涡之中的人，应该这么想："年纪轻轻就吃这么多苦，遭这样的难，恐怕全日本也少见。这并非不幸，这是上天给我机会，让我体验他人体验不到的经历。"

人生中不管好事还是坏事，一切都是考验，都是上天为了让人成长而赐予的考验。在我们的人生中，有时候可能会陷入悲观，觉得自己的人生已经没有希望。但是，一切失败挫折都是上天的有意安排，为的是让我们加速飞跃。

人生中发生的事情，仅用我们人浅薄的头脑，仅用眼前的幸与不幸去判断，那是不行的。应该站在天道的高度观察。那样的话，我们就能观察到完全不同的景象。即使现在正遭遇看似无情的灾难，也要认定，这灾难对当事者的将来必有好处，此乃上天赐予自己的“奖品”，必须这么去想。

有时候，人思善了、行善了，但上天仍然会给予严酷无情的考验。能否坚持从正面面对这种苦难，用什么心态来应对这种苦难，将决定自己人生的航向。

请看看自然界吧！当植物受伤时，会做出应激反应，会更茁壮地成长。比如说，较之自然成长的树木，被修剪的庭院树木长得更快。有的树被剪去枝干，受了伤，但这种伤反而会促进树木的成长。麦子也是一样，冬季踩麦苗，就是有意让麦苗受伤而让其更茁壮地生长。还有萨摩芋也是如此，藤蔓爬满了地面，似乎很茂盛，但如果放任不管的话，就无法结出优质的果实。需要在生长最快的夏季，翻开枝叶，把叶下的根剪掉，看上去似乎可惜，但如果不这么做，就长不出大的萨摩芋。

自然界所有的生命都将考验作为养分吸收，因而能不断成长。对于我们人来说，当我们在工作中遇到挫折，甚至健康受到影响时，也要告诉自己："这种逆境是上天赏赐的，目的是让我变得更出色更强大。"对待困难和考验，就要用这种积极的态度，这是绝对必需的。

心灵纯粹

——行动的成功源于美好的心灵

感谢

不管身处何种境地

都不要发牢骚、鸣不平

对活着，不！对让自己活着

时时地、由衷地表示感谢

这样来培育一颗能够感受到幸福的心

就能把人生变得丰富、润泽和圆满

培养纯洁心灵的“南无、南无，谢谢”

自从 27 岁朋友帮我创办公司时起，我心里就抱有了强烈的“感谢”之情。我没有经营经验，一无所有。但为了帮助我成立公司，有人甚至抵押了自己的房产，我必须不辜负他们的期望。就是从这一个心念出发，我拼命工作。在这过程中，感谢之情又不断地从心底涌出。

幸运的是，创业不久经营就走上了正轨，偿还借款已不成问题，当然经济上还算不上充裕。那时候，整天工作，四处奔走，有时为了处理客户投诉而焦头烂额，真是日夜兼程，努力再努力。

但即使这样，对同我一起打拼的员工、给我们订单的客户、满足我们苛刻要求的供应商，以及周围其他相关人士，我都片刻不忘感谢之心。甚至对于客户每年提出的苛刻降价要求，我照样感谢，因为“这是对京瓷的锻炼”。

对于自己身处的环境，可以采取两种态度。一种是负面消极：卑怯或者憎恨。另一种是正面积极，把客户提出的苛刻要求看作提升自己的机会。因为选择的态度不同，结果也会大相径庭。

人当下越是痛苦就越会发牢骚，鸣不平。但是，这种牢骚和不平，其结果都会返回到自己身上，使自己陷入更加痛苦的境地。所以我认为，不管身处怎样的环境，都不能忘记感谢之心。

但在现实中，即使强调要持有感谢之心，却总是持有不了。尽管如此，要告诉自己哪怕勉强，也要说：“谢谢。”这句话非常重要。这样来把感谢这种行为习惯化。

通过这种哪怕勉强，也要让自己心里想“谢谢”的做法，可以让自己的情绪轻松起来，内心开朗起来。再进一步，诚恳地将“谢谢您了”这句话说出口，那么，周围听的人也会心情舒畅，整个氛围就会变得和谐。相反，郁积怨言的糟糕氛围，会给自己和周围人带来不幸。

不管对于多么细小的事情都要表达感谢，这是优先一切的大事，其中蕴含着巨大的力量。感谢是万能药，感谢不仅能把自己引向愉悦的境界，同时，也会让周围的人快乐起来。

回顾自己的人生，我意识到，自己感谢习惯的养成，源于孩提时代“隐蔽念佛”的体验。

所谓隐蔽念佛，指的是那些净土真宗的信徒违反禁令坚守自己的信仰。江户时代，萨摩藩将净土真宗视作危险思想，发出命令，严惩信仰净土真宗的人。但是，虔诚的信徒不愿抛弃信仰，于是在深山里建立祠堂和藏身之所，并把佛龛和佛具运到山中，继续坚持自己的信仰，这就是“隐蔽念佛”。不可思议的是，即便是到了禁令解除的昭和初期，这种风俗仍然在鹿儿岛的农村地区保留了下来。

有一次，父亲带着我，去往离鹿儿岛市区十几公里的老家。那是一个晚上，在漆黑的山路上，父亲提着灯笼，牵着我的手，慢慢地攀爬。我们的前方，就是隐蔽念佛的集会场所。

在寂静的山路尽头，有一间破旧的房子，没有电灯，只点着一盏蜡烛。进屋后，看到有一个和尚模样的人坐在佛龛前诵经，在他的身后，坐着十来名与我年龄相仿的孩子。

诵经结束后，和尚模样的人转过头来说："来磕头吧！"并一个个地和孩子们打招呼。但却独独对我一个人，说了这样的话：

"你和父亲从很远的鹿儿岛市区赶来，真不容易。孩子，你今天的参拜已经得到了佛陀的认可，所以，今后就不用再来了。但是从今往后，一定要时时念诵'南无、南无，谢谢'。"

所谓"南无、南无"，就是"南无阿弥陀佛"的简称，为的是让孩子容易理解，这是萨摩地区特有的方言。

这次体验，我终生不忘。即便到了现在这个年纪，"南无、南无，谢谢"这一句幼时学到的话语，我仍会一天几十次不由自主地脱口而出。早上洗脸时，突然会感到自己很幸福，无意中，“南无、南无，谢谢”这句话就会脱口而出。

我作为临济宗妙心寺派的僧人出家，在禅宗里是不念“南无阿弥陀佛”的。但我还是不断念诵“南无、南无，谢谢”。

前往欧洲、拜访基督教的教堂时，我也会双手合十，念一声“南无、南无，谢谢”。拜访伊斯兰教的清真寺时也是一样。我认为尽管宗教有所不同，但他们倡导的真理在其本质上是一样的。所以不管在哪里，我都会如此念诵。

人无法单独活在这个世界上。我们今天之所以活着，之所以能尽情工作，离不开周围的一切，从空气、水、食品等外界环境，到社会以及家庭成员和工作伙伴等，周围的一切在支撑我们。从这个意义上说，与其说是活着，不如说是这一切“让我们活着”。如果这样想的话，对于能活在现世，能健康地生活，就能自然而然地产生感谢之心。只要能产生感谢之心，就能自然而然地感受到幸福。

不管身处何种境地，都不要发牢骚、鸣不

平。对活着，不！对让我活着，时时地、由衷地表示感谢。这样来培育一颗能够感受到幸福的心，就能把自己的人生变得丰富、润泽和圆满。我希望大家理解这一点。

知足

尽可能摆脱欲望

即使不能完全消除“三毒”

也要努力控制它们、抑制它们

这才是重要的

幸福的感受来源于“知足之心”

不管物质条件如何充裕，如果无限度地追求欲望，就会感觉不足，心中就会充斥着不满，就无法感受到幸福。相反，即便是在物质匮乏、一贫如洗的状态下，如果具备知足之心，就仍能感受到幸福。

就是说，幸福与否，是由人的心灵状态决定的。“满足了这些条件就能幸福”，世上没有这种普遍性的标准。在临死时，能够感觉到“我的人生是多么地幸福啊”，塑造这种能够感觉到幸福的心灵，才是重要的。如果没有这种能感受到幸福的“美好心灵”，就绝不会有幸福。

那么，要塑造这种美好的心灵，具体应该怎么做呢？据说人有108种烦恼，释迦牟尼说，这些烦恼是陷人类于痛苦的元凶。这些烦恼中，最厉害的有三种，就是“欲望”“愚痴”“恼怒”，被称为“三毒”。

我们人类是在这“三毒”的控制下度日的生物。想比别人过更好的生活，想轻松赚钱，想尽快出人头地。这种物欲和名誉欲，隐藏在每个人的心中。如果这些欲望无法实现，就会转为恼怒：“为什么事不如意？”恼怒之余，就会对那些成功人士心生嫉妒。

一般人随时随地都会被这样的烦恼所支配。但是，人要听任“三毒”摆布，就绝不会感受到幸福。

释迦摩尼用这样的一个故事来形容人的贪欲，描绘人沉溺于欲望的情景。据说俄国大文豪托尔斯泰得知这个故事后大为惊叹而且非常佩服。他说：“再没有任何故事能将人类的贪欲表达得如此淋漓尽致。”这个故事是这样的：

深秋时节某一天，在落叶和寒风中，有位旅人行色匆匆，赶路回家。走到某处突然低头一看，脚下一片白乎乎的东西，仔细一瞧，竟是人骨。此处怎么会有如此大量的人骨呢？他不禁毛骨悚然，又不得其解。只顾往前奔走，抬头看时，迎面走来一只体格巨大的老虎，咆哮着向他逼近。旅人直惊得魂飞魄散：“啊！那么多人骨原来是老虎吃剩的残物。”他急忙掉头逃命，然而慌不择路，一阵猛跑竟然跑上了悬崖峭壁，前无去路，后有猛虎，陷入进退维谷之地。

看看四周，在悬崖上有一棵松树，他赶忙爬了上去，但老虎是猫科动物，它张开骇人的巨爪，也开始爬树。

“今天我命休矣！”正当他万念俱灰时，忽然看见往下垂着的一根藤条，别无选择，他顺着藤条往下滑去，那藤条却不着底，旅人被悬在半空之中。下面是狂风巨浪、怒涛翻滚的大海。上面的老虎虽然无法顺着藤条爬下来，却仍伸着舌头、流着口水盯着他，正所谓“虎视眈眈”。

正想喘一口气，考虑接下来怎么办时，忽听到上方有窸窣之声，定睛一看，黑白两只老鼠正在交替啃咬那藤条的根部。藤条一旦被鼠牙咬断，旅人就会落入海中。命悬一线之际，旅人拼命摇晃藤条，想将老鼠赶跑。

摇摆之下，有湿漉漉、暖烘烘的液体落到他脸上，用嘴一舔，是甜美的蜂蜜。原来藤条根部有一蜂巢，一经摇动，蜂蜜就掉落下来。

舔着甘露般的蜂蜜，旅人居然陶醉了起来，以致忘记了藤条还在被老鼠不停地啃食，忘情地享用起了美味的蜂蜜。但是，就在下方的海面上，狂风巨浪中出现红、黑、青三条巨龙，正等着他掉下去后一饱口福。旅人不敢往下看，只敢向上看着蜂巢，不停地摇晃藤条，舔食落下的蜂蜜。

释迦牟尼说："这就是我们人的本性。"大家听了可能会觉得好笑，但这正是我们自己现在的样子。

释迦牟尼讲的故事可以做如下解释。

故事中的这个旅人，在寒冷的秋风中，单身一人走在回家的路上。我们的人生其实也是如此，不管曾经有过多少朋友，但人生归根到底还是一个人的旅程。出生时是一个人，死去时也是一个人。

在这里，老虎暗喻的是无常，意味着死亡。人从出生的那一刻起，就受到死亡的威胁，死这只老虎的阴影时刻追逐我们。所以，人会尝试各种保健方法，拜托医生看病，或是皈依宗教，用尽各种方法逃避死亡。

好不容易爬上的松树，指的是迄今为止积累的地位和财产。但即便是有了这些，死亡也会毫不留情地到来，在这一点上，地位和财产没有任何用处。但人却拼命抓住松树上垂下的藤条，吊在半空。这就是人的真实姿态。

啃食藤条根部的白黑两鼠表示白昼和黑夜。也就是日夜交替，时间流逝，生命终将会结束。

下面的三条龙中，红龙比喻“恼怒”，黑龙比喻“欲望”，青龙比喻“愚痴”。恼怒、贪欲、愚痴这“三毒”糟蹋着我们的人生，但这“三毒”却是由我们的心制造出来的。

从出生到死亡，人需要单独走完全程。这个过程中，不仅时刻受到死亡的威胁，也时常受到源自我们内心“三毒”的威胁。所以，释迦牟尼倡导持戒（持有道德规范，并努力实践），告诉我们必须抑制利己心，抑制烦恼。

当然，利己心和烦恼，是人生存所必需的能量，不能一概否定。但是与此同时，它们有剧毒，让人陷于痛苦，甚至断送人的一生。这样的利己心和烦恼，是把我们引向不幸、毁灭我们人生的元凶。

但另一方面，人类原本也具备美好的根性，它与烦恼处于对立的位置。比如乐于助人，为他人尽力就能感觉到喜悦等。这种美好的心灵，每个人都具备。但当烦恼过多时，这样的美好心灵就不容易呈现出来。

所以，我们要尽可能摆脱欲望。要完全消

除“三毒”是不可能的，但可以努力控制它们，抑制他们。这样的话，美好的心灵就自然会呈现出来。

为此，释迦牟尼告诉我们要有“知足之心”，就是培养一颗能够感受到幸福的心灵，这才是重要的。释迦牟尼教导我们，不要贪得无厌，不要怒火中烧，不要牢骚满腹，重要的是努力培育一颗仁厚充裕的心灵。

每天带着知足之心、感谢之心去生活，我们的人生就能变得丰富多彩，幸福美好。

活着就要感谢

——《稻盛开讲 5：六项精进》

反省

如果能够通过反省来戒勉自己

克制一点利己之心的话

那么，人类本有的美好心灵

自然就会呈现出来

不懈努力纯化心灵

人心原本就有两面性，既有只要自己好就行的利己心；也有与之相反的美好的利他心：不忘感谢、充满关爱、为他人尽力自己就能够感到喜悦等。这种美好的心灵十分崇高，可以用“良心”这个词来表达。前面已经说到，只要努力抑制利己心，用“良心”这个词所表达的美好心灵就会绽放。

那么，要怎么做，才能让美好的心灵之花绽放呢？绝大多数人都忽视了心灵的重要性，对于“修心”也漠不关心。然而，我们首先必须抱有这样的念想——“必须提高自己的心性”，“必须美化自己的心灵”。但因为我们都是充满烦恼与欲望的凡夫俗子，要真正做到又谈何容易。但就算做不到，也要具有“必须提高心性”的念想，必须为此不断努力。

人的心灵往往充满着利己的欲望，自己主动努力净化心灵、提高心性的人就是所谓修行的人。

尽管我跟大家说这些道理，但其实我也远不是一个完美的人。如果有人问我：“你的心灵净化得怎样了呢？”那我真是惭愧不已、难以回答。我也想要满足自己的欲望，我就是这么一个普通的人。

但正因为如此，为了让自己不比现在更坏，我需要努力。做这种努力时，心中就会出现另一个自己，它会责问原来的自己：“你到底想怎样？”在这种交锋中，我就能稍稍提升自己。通过这样的反省，一点一点地提高心性。我认为这才是所谓的人生。

通过这样的反省，对自己的心灵进行管理，非常重要。尽管如此，很多人对此却漠不关心。多数人认为：“心里无论想什么，都是自己的自由。”但是，心中所想，会作为现象呈现出来。正因为如此，心灵保持怎样的状态，是一个极其重要的问题。

前面也介绍过的英国启蒙思想家詹姆斯·艾伦在其著作《原因与结果法则》一书中，对于心灵管理，做了以下描述：

“人的心灵像庭院，既可智慧地耕耘，也可放任它荒芜。不管是耕耘还是荒芜，庭院一定会长出植物来。如果自己的庭院里没有播种美丽的花草，那么无数杂草的种子必将飞落，茂盛的杂草将占满你的庭院。”

接着，他这么说道：

“出色的园艺师会翻耕庭园，除去杂草，播种美丽的花草，不断培育。同样，如果我们想要一个美好的人生，我们就要翻耕自己心灵的庭园，将不纯的思想一扫而光，然后栽上纯洁的、正确的思想，并将它培育下去。”

詹姆斯·艾伦用园艺做比喻，告诉我们要耕耘自己心灵的庭院，通过每天反省，去除心中的杂草，也就是恶念，重新播种纯洁的、正确的思想。就是说，要反省自己心中的恶念，培育自己心中的善念。

最后，他是这样总结的：

“我们选择正确的思想，并让它在头脑里扎根，我们就能升华为高尚的人。我们选择错误的思想，并让它在头脑里扎根，我们就会堕落为禽兽。

“在心灵中播种（中略）一切思想的种子，只会生长出同类的东西，或迟或早，它们必将开出行为之花，结出环境之果。好思想结善果，坏思想结恶果。”

心怀善念，就会结出善果；心怀恶念，就会结出恶果。所以，詹姆斯·艾伦说，我们需要拔除心灵庭院中的杂草，撒上自己想要的美丽花草的种子，耐心地浇水、施肥，予以细致的管理。

这正是所谓的反省，如果对心灵的庭院放任不管，心中就必然会充满利己的强烈欲望。所以，“反省”非常重要。

京瓷顺利地成长发展，不但是公司，令人意外的是，作为经营者的我个人，也得到了社会很高的评价。从那个时候开始，我就强烈地意识到了“反省”的重要性，并将其作为自己的日课。

每天，在早上起床后和晚上睡觉前，我都要站在盥洗室的镜子前，回想昨天的事，或是回顾自己今天一整天的言行，严厉地逼问自己：“有没有让人觉得不愉快？”“是不是不够亲切？”“有没有傲慢的举止？”如果发现自己有作为人不该有的言行，就会严厉地责骂自己，提醒自己决不能再次犯同样的错误。

有时候，回到家里或宾馆房间后，在快要入睡的时候，“神啊，对不起！”这句反省的话语会脱口而出。这里说的“对不起”，指的是想坦诚地为自己的态度向对方表示歉意，同时，向造物主请求宽恕，表达赎罪的想法。

我认为，在一人独处的时候，不由自主、脱口而出的这种自省、自戒的语言，就是自己的良心在责备利己的自我。

就这样，如果能够通过反省来戒勉自己、克制一点利己之心的话，那么人类本有的美好之心自然就会呈现出来。我也想成为具备美好心灵的人，哪怕稍许一点，也希望自己的心灵能变得更好，为此，我每天修身不止。

保持谦虚

——抑制爱己之心

克己

没有一丝傲慢、时刻保持谦虚的人

他们将自己的事置于一边

总是为社会、为世人思考和行动

他们能抑制自己的欲望和虚荣心

拥有一颗克己之心

他们才是人格高尚的人

如何应对考验决定人生成败

中国古典中有“唯谦受福”的说法。意思是傲慢的人得不到幸福，只有拥有谦虚之心的人才能拥有幸福。

说到“谦虚”或“谦敬”这个词，有些人会联想到不体面、缺乏自信。但这是一种误解。人正是因为自己内心没有什么值得自豪的东西，才会趾高气扬、摆臭架子，借以满足自己的表现欲。

不管在社会上有多大的声望，或是成为统领众多部下的大企业、大组织的领导人，他们都能够始终保持谦虚，没有一丝傲慢。同时，总是把自己的事情放一边，优先考虑他人和社会，并付诸行动。这样能抑制自己的欲望和虚荣心，拥有克己之心的人，才是人格高尚的人。

比如说，想做成某项工作，或是成就某项事业时，有些人 80% 都做得很顺利，剩下的 20% 却无法跨越。这里说的是那些开始干得还不错，但最终无法达成目标的人。

刚刚开始的时候，小心谨慎、不失谦虚、拼命努力，也因此取得了初步的成功，甚至事迹都登到了报纸杂志上。但在这过程中，不知不觉之间，放松了克己的意识，萌生了爱己之心，就是利己心开始膨胀，渐渐地开始自夸自赞起来。

觉得自己“克服了那么多困难，干得真不错”，慢慢地就傲慢了起来。就是说，随着成功的到来，随着名气的提升，自己起了骄傲自大之心。

所谓考验，一般认为是苦难的考验，但我认为不仅如此。对于人来说，辉煌的成功是更大的考验。

看到那些事业成功，获得地位、名誉和财产的人，我们往往会投去羡慕的眼神，觉得“那个人真幸福啊！”但是，那也是上天给予他的严酷考验。

有的人事业取得成功，有钱后，就开始过上奢侈的生活。有的人稍稍出名，就开始傲慢。行为脱轨，匪夷所思。不知不觉中走上歧途，堕入谷底。

比如说，活跃在世界舞台上的职业足球运动员中，有人 20 多岁就拿到数千万，甚至上亿日元的年薪。这个报酬与日本上市公司的总经理相当，甚至超过。一般而言，大学刚毕业的新员工，二十二三岁，年收入只有 300 万日元。能拿到同龄人十倍以上的年薪，确实称得上是成功人士。

但是，这种年轻时的短暂成功和名誉，绝不能保证将来继续成功。甚至可以说，正是因为才能出众，年轻时赚到大钱，在周围人的奉承吹捧中忘乎所以，所以就不再思考未来，只追求一时的享乐，到最后追悔莫及。

足球运动员的职业寿命通常只能到三十岁左右。如果说人生有八十年的话，在此之后还有五十年的漫长道路。成为教练或助教留在球队的只是极少数，大部分职业运动员都会去往新的领域开始新的人生。

从这个意义上，可以说，以何种态度度过现役时期，将决定其此后的人生。有的人觉得“靠自己的才能赚到的钱，我想怎么花就怎么花”，于是花天酒地，任性挥霍，最终身败名裂。而有的人，从现役时期起就做什么都认真踏实。退役后，即便成了普通公司的普通员工，也照样兢兢业业，成为一个出色的员工。

看到这样的事例，我甚至会想，神灵赐予某人优越的条件，是为了测试在这种条件下，此人会发生怎样的变化。面对这种考验，应对得好，就会有好的结果；应对不好，就会有坏的结果。

人生变化无常。“那个人如果当初没有那么成功，后来的人生也许会更好。”这类例子不胜枚举。与此相反，即便是遭遇苦难，却能战胜困难，度过美好人生的案例也有很多。

不管是喜逢幸运，还是遭遇灾难，在任何

情况下，保持谦虚，不失自我，这才是重要的。

请大家理解这一点，不忘谦虚，时时反省，兢兢业业，诚实地度过人生。只要采取这种人生态度，我们就一定能实现连自己都无法想象到的幸福人生。

面对成功，谦虚为怀，愈加真诚努力

——《活法 5：成功与失败的法则》

精进

任何人先天的“性格”

都非完美无缺

因此必须在后天

学习和掌握高尚的“哲学”

努力提升自己的“人格”

提高人格，并保持高尚的人格

我认为领导者最重要的资质是“人格”。而持续保持高层次的人格，对于领导者来说，是最重要的事情。

但是，世间一般认为，作为领导者的资质，“才华”和“努力”更为重要。

事实上，观察现在的商业界，无论是创办新兴风险企业获得成功的创业型经营者，还是就任大企业CEO，领导企业再度飞跃的所谓“中兴之祖”，这些成功者无不是才华横溢、热情焕发的人。

他们不仅发挥商业“才华”，而且具备燃烧般的热情，付出无止境的努力，从而推动事业成长发展。

但是，看到近年来的这些如同彗星一般来了又去的新锐企业及其经营者，我强烈地感受到，不能仅用“才华”和“努力”来评价领导者。就是说，越是具备超凡“才华”，并且拼命“努力”的人，越是需要“某种东西”来驾驭他们强大的力量。

我认为，这个“某种东西”就是“人格”。只有“人格”，才能掌控他们“才华”发挥的方向，掌控他们“努力”的方向。如果这个“人格”扭曲，就无法向着正确的方向发挥“才华”和“努力”，结果人生就会误入歧途。

很多领导者都知道“人格”的重要性。但是“人格”具体指的是什么，如何才能提高人格，如何才能保持高尚的人格，他们却不太明白。因此，一旦取得成功，就无法维持“人格”的领导者层出不穷。

那么，所谓“人格”究竟是什么呢？我认为，人先天的“性格”，加上在人生道路上学到的“哲学”，这两者之和就是“人格”。就是说，先天的性格加上后天的哲学，形成了人格。

先天的“性格”因人而异，千差万别：有人强势，有人软弱；有人果敢，有人慎重；甚至有人以自我为中心，有人与人为善。如果在人生道路上，没能掌握高尚的“哲学”，那么，这个人天生的“性格”就会原封不动地成为他的“人格”。这个“人格”，就决定了他“才华”和“努力”发挥的方向。

这样的话，会出现怎样的景象呢？如果天生的“性格”是以自我为中心的领导人，他拥有非凡的“才华”，付出不亚于任何人的“努力”，获得成功是有可能的。但是，因为“人格”有问题，某个时候，为了满足私利私欲，他就可能营私舞弊。这样的话，他的成功就无法持久。

遗憾的是，任何人先天的“性格”都不可能完美无缺，因此，我们必须努力学习和掌握高尚的“哲学”。特别是对于领导众多部下、身负重大责任的领导者而言，必须不断提高“人格”，并努力将“人格”维持在高水准上。

这里所说的必须学习和掌握的高尚“哲

学”，就是经过历史风雨考验的、在漫长的人类历史中传承下来的精华，就是那些圣贤的精辟教诲。圣贤们揭示了正确的为人之道，揭示了作为人应有的思维方式，这些给予我们积极长远的影响。

要注意的是，“知道不等于就能做到”。比如说，大家在书本上都学过耶稣基督的教诲、释迦牟尼的教诲，以及孔子、孟子的教诲，作为知识都理解了。但是，如果仅仅作为知识来理解，就没有价值。必须用这些教诲来戒勉自己，提升自己的“人格”。

对于领导者来说，重要的是：反复学习这些揭示了正确为人之道的“哲学”，不仅从一般道理上理解，而且要不断努力将其纳入理性之中。这样的话，就能修正自己先天“性格”中的缺陷和扭曲之处，从而塑造新的“人格”，也就是“第二人格”。就是说，只有反复学习正确的“哲学”，并将其融入自己血肉的时候，才能提高“人格”，并将其维持在高水准上。

一般认为，正确的为人之道之类的东西，

学一次也就够了，很难反反复复地学习。但是，就像运动员一样，如果不能每天坚持锻炼，就无法维持强健的体魄。如果疏于修身养性，很快就会被打回原形。“人格”也是一样，必须持续努力去提高，否则，很快就会回到从前的老样子。所以，必须不断努力，将揭示了正确的为人之道的“哲学”注入自己的理性，将自己的“人格”不断维持在高水准上。

我已经反复说过了，为了实现这一点，重要的是每天反省自己的言行。要严格自问自己的言行是否有违正确的为人之道，每天反省。这样的话，就能够维持高尚的“人格”。

必须把哲学思想融入自己的血肉之中

——《京瓷哲学：人生与经营的原点》

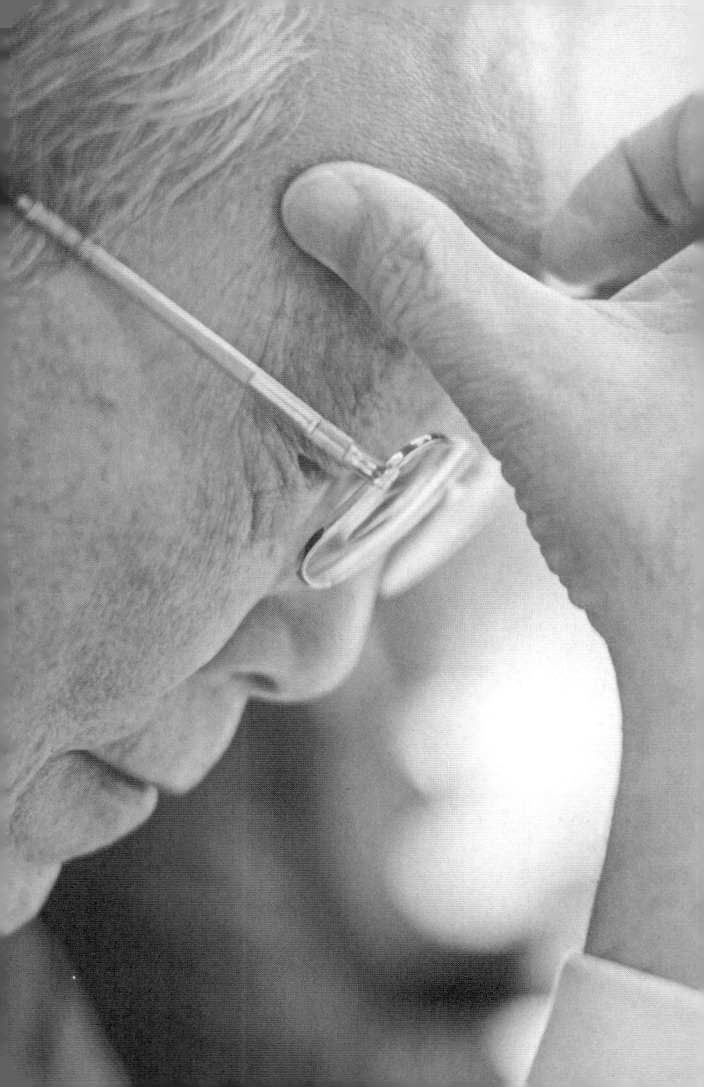

无私

如果没有付出自我牺牲的勇气

就绝不能成为领导者

领导者必须是能将自身置之度外

对事物进行理性判断的无私之人

无我的行动意味着“大爱”

想成就卓越的事业，就需要付出与之相应的自我牺牲。我甚至认为，如果没有付出自我牺牲的勇气，就绝对不能成为领导者。所谓领导者，必须是能将自己置之度外，对事物进行理性判断的无私之人。

詹姆斯·艾伦对自我牺牲，有以下的表述：

“要想成功，就要付出与之相应的自我牺牲。如果想要大的成功，就要付出大的自我牺牲，如果想要最大的成功，就要付出最大的自我牺牲。”

要想成就了不起的事业，就要具备付出与之相应的自我牺牲的勇气。

谈到这一点，我想起这么一件事。我主办

了义务帮助中小企业经营者学习企业经营的“盛和塾”。在盛和塾里，曾经有一位塾生向我提出了这样的问题。

“您教导我们：‘经营者要付出自我牺牲。’我在经营企业的过程中，常常因工作和家庭不能兼顾而烦恼。塾长更是全身心地投入京瓷的经营而无暇照顾家庭。您是如何兼顾工作与家庭的呢？”

还有另外的塾生向我提问：“由于我过度地投入工作，与妻子的关系产生了裂痕，现在家庭都要破裂了。您有过这样的经验吗？”我感到很困惑，因为我从来没有过家庭破裂危机的经验。

尽管有时候回家很晚，我都会跟太太讲述：“今天公司里发生了这样那样的事。”太太不外出工作，专职照顾家庭，也不知道先生每天在干些什么，就容易产生疏离感。如果让她觉得，即使不去公司，也能有和先生一起工作的一体感、连带感的话，太太就不会心生不满。我是这样想的，所以不管回家多晚，我都会告诉太太公司里当天发生的事情。即便有时候讲述的时间很短，也都每天坚持。

但是，也有做过头的时候。那还是孩子们上小学低年级的时候，有一天我深夜回到家，把大家叫起来说："公司经营非常艰难。我虽然拼命努力，但不知道什么时候公司或许就会倒闭。如果公司倒闭的话，由于我向银行做了个人担保，银行就会来没收我的全部财产，或许只能剩下些锅碗瓢盆，其他的都会被银行收走。为了不让这种事情发生，所以我才会拼命工作。"

当父亲的不参加学校的课堂观摩活动，不参加学校的运动会，更不带她们出去玩，我觉得我的孩子们也挺可怜的。但是，我想告诉她们的是：我之所以拼命工作，是因为我承担着公司的全部责任，同时我也是为了这个家。

但是，孩子们长大了之后对我说："当时我们觉得父亲太过分了。"面对幼小的孩子们，我描述公司倒闭的情景：要倾家荡产，只能留下锅碗瓢盆。孩子们听后胆战心惊，觉得很恐怖。我讲话的本意是："我在为这个家拼命努力，所以，没空带你们去玩，对不起了！"然而，她们告诉我说："完全不是那么回事，我们谁都没有想到那层意思，我们只觉得父亲太过分了。"

虽然有过这样的误会，但是，我觉得必须同家人建立一体感，让他们对我的事情感同身受。所以，我时常告诉家人公司的情况。因此，从未出现过家庭危机。

对于塾生的提问，我做了上述回答。

话虽然这么说，但其实我内心还是很纠结的。因为孩子们长大之后说："觉得父亲未免太过分了！"邻家孩子的父母都会参加学校的课堂观摩活动、运动会及其他学校活动，只有自己的父亲从幼儿园到大学毕业，从来没有到过学校。我觉得孩子们当时一定很失落。

但是，在那之后，我读到了刚才给大家介绍的詹姆斯·艾伦的话："要想取得很大的成功，那就必须付出很大的自我牺牲。"这番话让我感觉自己得到了拯救。为了保护公司和员工，也为了保护自己的家庭，虽然我甚至让自己的家人也做出了牺牲，但我感觉自己并没有做错。

我反而觉得，付出自我牺牲，拼命努力守护员工、守护公司，进而为社会的发展做出贡献，是其他任何事情都无法替代的人生勋章。我的家人一定会理解我的。

这不是只保护自己，或是只保护自己家庭的“小爱”，而是为了守护员工，为了实现他们的幸福，进而为社会的进步发展做出贡献的“大爱”。

我认为，献身于这样“大爱”事业的人生，才是幸福的人生。

利人利世

——勇于自我牺牲，为对方尽力

利他

俗话说:“好人有好报。”

充满关爱的心灵和行动

不仅能够利于他人

也能让自己变得更好

“利他之心”引领人类社会走向光明

自己的人生不由其他任何人决定，完全由自己决定。在每一天的生活中，我们如何思考，如何行动，决定了一切。希望年轻人务必理解这一点。

不要发牢骚、鸣不平；时时保持谦虚，不骄不躁；感谢生活；付出不亚于任何人的努力；即便做出自我牺牲，也要努力为社会、为世人尽力。这种“祈愿他人更好”的、充满关爱的、美丽的“利他之心”，实际上也能让自己的人生变得更好。

积善行、思利他，看上去似乎绕了远路。但实际上，就像“好人有好报”这句老话所表达的那样，充满关爱的心灵和行动，不仅能够利于他人，也必定能让自己变得更好。

用水的流动做比喻的话，简单易懂。比如说，自己和对方之间有一个水盆，水盆里放足了水。如果将盆中的水推向对方，就会水波漾起，结果水还是回到自己这边。和这个道理一样，关怀他人，让他人喜悦，好的结果就会回到自己身上。我认为这个世界就是这样的。

这不是说，“因为我为对方做了什么，希望对方有所回报”，而是对方因我的付出而感到喜悦，我也因对方的喜悦而心情愉悦，也感到自豪。

把“让对方高兴”“帮上了对方的忙”这样的事看作自己最高的喜悦。达到这样的精神水准时，人就能感受到真正的幸福。这种人还能获得天助，自己也能取得成功。这就是佛教中所说的“自利利他”的精神。

有一个故事可以通俗易懂地来说明这个道理。

有一个修行僧来到某个寺庙修行，他问寺庙长老：“地狱和天堂到底有什么区别？”长老回答道："地狱和天堂看起来是一模一样的场所。"地狱和天堂都有一口相同的大锅，里面都煮着热气腾腾的美味面条。但是，要吃到锅里的面条，必须用长筷子，像晾衣杆一样长的筷子。

堕落到地狱里的人都是自私自利的人。他们都叫嚷着："我先吃，我先吃。"争先恐后地围住锅子，把很长的筷子伸到锅里，夹起面条，想要先吃。但是筷子太长，锅里的面条夹不住，就想抢走别人已经夹起的面条，于是相互争夺起来。

结果面条撒了一地，一口都吃不到。即使运气好夹住了面条，也因为筷子太长而无法将面条放入口中。最终谁都没吃上锅里的面条。这就是地狱的光景。

而天堂的条件虽然和地狱一样，但气氛很和谐。大家都有关爱他人之心，所以优先考虑的都不是自己。

人们围着大锅，用很长的筷子夹起面条之后，都会将面条送到对面人的嘴边说"您先请”，让对方先吃。对面的人吃完后就会说“谢谢，这次轮到您吃了”，于是夹起面条送到对方嘴里。

所以，即使是像晾衣杆一样长的很难使用的筷子，也能一边相互表示感谢，一边开心地一起享用。与混乱嘶叫的地狱环境相同、条件相同、工具相同，天堂却呈现出完全不同的景象。我想，是人心态的差异制造了天堂和地狱。

环境和物理条件完全一样，一边仿佛在修罗场，怒吼嘶号，你争我夺。结果谁都得不到想要的，大家都痛苦煎熬。

而另一边，却充满了爱与关怀，先人后己，互帮互助，为对方尽力，而对方也给予回报。这样的话，大家都活在和平幸福的环境里。这就是所谓“天堂地狱一念间”。

现实世界也是一样。“只要自己好就行”，以这种赤裸裸的利己心待人处世，必然摩擦冲突不断，同时把自己逼入更坏的方向。努力摒弃这样的利己之心，从自身做起，用关爱之心去对待周围的人和事。

如果每个人都拥有这样的“利他心”，就能构筑起富裕、和平、幸福的社会。每一个人的命运也会朝更好的方向转变。

要以“利他之心”去经营企业

——《心法之贰：燃烧的斗魂》

贡献

人最尊贵的行为就是为他人奉献

一般来说，人都优先考虑自己

但实际上，每一个人都拥有

将帮助他人、让对方高兴

作为最高幸福的利他之心

人的本性就是这样美好的东西

积极为社会为世人尽力

自创办京瓷以来，我倾注心血于精密陶瓷的开发和企业的经营。幸运的是，公司顺利地成长发展，我也有机会获得了各种奖赏。

第一次得奖是 1981 年，我从东京理科大学已故的伴五纪教授处得知，自己将被授予"伴纪念奖"。

伴先生把自己的专利授权所得的资金收入，用于奖励和表彰在技术开发方面做出贡献的人。我虽然很高兴地去参加了颁奖仪式，但看到伴先生的境界，我羞愧难当。

先生把自己所获的有限专利授权费拿出来运营这个奖项。与此对照，我在企业经营上获得了相当的成功，结果，我自己也很幸运地积累了一定的个人财富。这时候我却兴冲冲地赶去领奖。

“这样做合适吗？拿出资金给人颁奖的应该是我才对。”

从那个时候起我就开始思考，要将自己的财富以某种形式回馈社会。于是，在1984年，我拿出自己的股票和现金总计约200亿日元，设立了稻盛财团，创设了“京都奖”。

创设京都奖的消息公开后不久，我就去诺贝尔财团进行拜会访问。当时我请教对方：“颁发像诺贝尔奖这样的国际性奖项有什么重要的注意事项？”对方指导我说：“从国际视角看，审查必须严格公正。另外就是要持续，这样就会具有权威性。”

并且，诺贝尔奖的财团理念是基于“诺贝尔的遗言”。我在运营京都奖表彰事业时，也构筑了“京都奖的理念”，将此作为今后京都奖的审查和运营所必须遵循的指针。

在此理念中，我将自己一贯的人生观“为世人、为社会尽力，是人最高贵的行为”放在了第一条。

我在很早以前就考虑，要回报培育我成长的人们及社会。这一愿望应该用什么形式去实践呢？我考虑了多种方案。我经常感觉到，在全世界各个角落，有许许多多默默无闻、辛苦努力的科研人员，但能让他们从内心感到喜悦的奖项实在是太少了。我将这些想法作为创设京都奖的理由。

当今社会，人类精神层面的探索大大落后于科学技术的发展。但是，科学技术的进步与精神层面的发展绝不是对立的，我认为，如果两者发展不平衡，就可能给人类带来不幸。京都奖要对科学文明和精神文化的平衡发展助上一臂之力，进而对人类幸福做出贡献。出于这种夙愿，我把这一想法也归结到京都奖的理念之中。

据此京都奖的理念得以确立。在京都奖进行审查时，每当审议陷入僵局时，评审委员们头脑里就会出现“再次回归‘京都奖的理念’，重新进行审议”的念头。所以，“京都奖的理念”是京都奖的活灵魂。

基于这样的理念，我们将表彰事业运营至今。通过京都奖，我得以和很多了不起的人相识，这也成了令我愉悦的事情之一。

京都奖的理念中有这样的内容：“京都奖的获奖者必须是这样的人：他们像我们在京瓷一路走来那样，谦虚勤奋、付出成倍于常人的努力、努力追求真理，且具备自知之明，对‘伟大之物’怀有虔敬之心。”然而，人心是看不到的。通过审查，可以评价获奖者的业绩，却无法详细了解获奖者的人格秉性。

但不可思议的是，迄今为止所有的京都奖获得者，全部都是人格高尚的人。他们花费半生的心血，聚精会神，将精力倾注在一件事上。这种真挚的态度，塑造了他们的高风亮节，塑造了他们美好的人格。我禁不住为之感叹。

诺贝尔奖的奖金是5000万日元，为了表示敬意，我们将京都奖的初始奖金设定在4500万日元。因为后来诺贝尔奖的奖金有所增加，所以从第十届京都奖开始，我们也把3个领域的奖金都增加到了 5000 万日元，此后就一直按照这个额度颁奖。

关于奖金的用途，也是在京都奖颁奖仪式后的记者招待会上经常会被问到的问题。一般会认为，获奖者都会将奖金用于自己的研究事业。但令人惊讶的是，实际上，很多获奖者都将奖金回馈社会。

比如，第三届京都奖的精神科学·表现艺术领域（现为思想·艺术领域）获奖者、波兰已故导演安杰依·瓦伊达先生，就以他所获奖金为基础，设立了“京都 – 克拉科夫基金”，在波兰建立了日本美术中心。

此外，有很多获奖者都将奖金用于捐赠，或用于设立其他奖项，将奖金用于为社会、为世人的公益事业。

京都奖最初的目的是给予默默无闻、终生努力从事科学技术研究的人们以鼓励，我觉得获奖者完全可以将奖金用在自己身上。但结果却出现了这样善的循环，我从内心感到喜悦。

人类一切行为中最尊贵的行为，就是为他

人尽力的行为。一般而言，人往往优先考虑自己，但实际上，每一个人都拥有把“帮助他人，让对方喜悦”作为最高幸福的利他之心。人的本性就是这样美好的东西。

和谐

当人的所思所想、所作所为

与宇宙的意志波长相一致时

人生就会向好的方向发展

如果持有违背宇宙意志的利己之心

逆宇宙的潮流而动

就无法得到好的结果

充满爱的心灵符合宇宙的意志

在这个世界上，存在着推动一切事物向着更好方向进化发展的潮流。我认为，这可称为“宇宙的意志”。

这种“宇宙的意志”充满了爱、真诚与和谐。我们每个人的思维所发出的能量，与宇宙的意志是否协调和谐，决定了我们各自的命运。

现代宇宙物理学已经证明，宇宙最初只是手可盈握的一小团超高温、超高压的基本粒子，在发生了大爆炸之后不断膨胀，形成了现在广阔无垠的宇宙。

形成宇宙的物质世界，都由原子构成。就像元素周期表所表示的那样，质量最小的是氢原子。氢原子有 1 个原子核，原子核由质子和中子构成，电子在其周边围绕。

当我们利用粒子加速器尝试对构成原子核的质子和中子进行破坏时，从中又产生了数种基本粒子。就是说，数种基本粒子结合，构成了质子和中子。

宇宙形成时，最初是基本粒子相互结合，形成了质子和中子。质子和中子形成原子核，再环绕一个电子，形成了最初的氢原子。氢原子相互融合，又形成了更重的氦原子。

接着，原子间相互结合，形成了分子，分子又形成了高分子，高分子又与被称为DNA的遗传基因相结合，就演变成了生命体。

地球上最初出现的生命体是非常原始的生物，这些原始生物不断地进化，最终进化成了人类。

宇宙最初仅仅是一小撮基本粒子，但是它没有片刻停留于现状，而是不断进化发展，最终形成了现在的宇宙。

回顾宇宙形成的过程，我认为，宇宙中存在着推动森罗万象、一切事物不断进化发展的潮流。或者说，存在着一种孕育一切事物并使其不断成长的宇宙意志。

既然我们存在于这样的宇宙中，那么，我们思考什么、有什么样的念头、做什么样的事情，就十分重要。

就是说，当人的所思所想、所作所为，与推动一切事物向着更好方向进化的宇宙的意志波长相一致时，人生就会向好的方向转变。反之，如果持有违背宇宙意志的利己之心，逆宇宙的潮流而动，就无法得到好的结果。

既然是这样，那么，我们就需要同这种推动森罗万象向更好方向发展的宇宙中的爱的潮流相协调，努力生出一颗“祈愿他人更好”的利他之心。“把别人的欢乐视为自己的欢乐”；“总想为社会、为世人做些什么”；“不仅希望自己，同时也希望周围的人也能得到幸福”。只要以这样美好、纯粹、正直的心灵去度过人生，就能得到神灵出手相助，也就是天佑。京瓷的成长发展、第二电电的创业成功、日本航空的重建，以及我自己的人生，无不证明了这一点。

就是说，用利他之心帮助他人、亲切地待人接物，拥有一颗美丽的关爱之心。这是与宇宙意志相符的行为，人也会因此必然获得成长发展，命运也会转向更好的方向。

我认为，不管怎么强调这个道理都不过分。抑制利己的欲望，不忘谦虚，不是只考虑自己，而是行动时先考虑周围的人。每当我们把这样的爱传递给对方时，爱就会相应地回到自己身上，这样，我们就能变得越来越幸福。

后记

充满善意

善的“思维方式”可以赢得“他力之风”

至此，我将度过美好人生所必需的“思维方式”分成了“胸怀大志”“积极向上”“不惜努力”“诚实正直”“钻研创新”“愈挫愈勇”“心灵纯粹”“保持谦虚”“利人利世”这九章进行了说明。

可能有人不相信“思维方式”可以改变人生。但大家通过阅读本书可以知道，我本人不但通过善的“思维方式”让自己的人生不断好转，而且还克服了诸多的困难。

“思维方式”里蕴含着让每一个人的人生都发生 180 度转变的巨大力量。同时，如果每一个人都改变意识，都持有善的“思维方式”，那么，就可以掌握超越个人、改变整个集团命运的力量。

在“自序”中提到的日航的重建就证明了这一点。

完成了重建任务以后，我于 2013 年 3 月辞去日航董事职位。每当晚上临睡时，我就会躺在床上，回顾日航重建的日日夜夜，究竟为什么能有那样奇迹般的成功？我进行了深入的思考。

首先想到的原因就是，员工们的心发生了变化，工作的态度和行动都发生了改变。

比如说，值机柜台的员工们在为乘客办理搭乘手续时，不是生硬地按流程执行，而是始终站在乘客的立场上，思考“乘客现在真正需要的是什么”“当乘客遇到困难时，我们能帮什么”，并主动做出应对。

此外，陪伴乘客们一起飞行的空乘人员也是如此，时常思考“如果这样做，乘客会更高兴吧”，急人所需，即便是工作手册上没有规定的内容，也会临机应变，提供让客人满意的服务。

还有，原先只是照本宣科进行机内广播的机长们，也不再重复千篇一律的内容，而是针对当日搭乘的乘客，用心思考自己要说的内容，进行广播。

曾经的日航自诩是代表日本的航空公司，从而产生了傲慢自大心理，甚至常常有蔑视顾客的行为。正是日航员工们的这种思维方式导致了日航的破产。

所以，我在日航重建的工程中，着重向全体员工们强调了“全身心投入工作”“持有感谢之心”“保持谦虚坦诚之心”等基于人基本“道德”的、善的“思维方式”。随着这种“思维方式”的渗透，官僚主义的体质逐步消失，曾经被讥讽为“手册主义”的服务态度得到了改善，每一位员工的行为都发生了巨大的改变。

因为原先“只要自己好就行”的、利己的“思维方式”，逐步变成了“为客户”“为伙伴”的、利他的“思维方式”，所以员工们都在各自的岗位和职位上全力以赴地投入工作。

由于日航员工意识的变化，提供给客户的

服务品质得以提升，搭乘日航的人数逐步增加，公司的收益因此得到了飞跃性的改善，破产前持续恶化的日航的命运开始好转。

就是说，员工意识和行动的变化，也就是“自力”，引发了客户支持的“他力”，改变了日航的命运，使日航成了全世界利润名列第一的航空公司。

但是我认为，仅仅靠这种“自力”和“他力”，还无法说明日航奇迹般的成功。应该还有一种更为伟大的“他力”存在，我不得不这么想。这就是超越人智的自然之力的这种“他力”。如果不是这样，那么，在遭遇东日本大地震、乘客大幅减少的情况下，日航仍能维持高收益，不到三年就在东京证券交易所再次上市，这种谁都无法想象的企业重建是根本无法实现的。就是说，看到我们以善的“思维方式”拼命努力的态度，上天对我们伸出了援助之手。

我认为，可以这样表达：善的“思维方式”不仅能唤起自身努力的“自力”和周围人给予援助的“他力”，而且还能唤来超越这一切的，来自伟大宇宙的另一种“他力”。

如果将人生比喻成在大海中航行，为了度过一个圆满的人生，首先自己必须拼命地划船。同时也需要伙伴的协助，需要他人的帮助。但是仅凭这些，还无法到达遥远的目的地。只有借助推动航船前进的他力之风，航船才能驶入大洋，才能开始真正的航海。

在这个世上，仅仅凭借自力，所能做的事情总是有限的。借到了周边人帮助的他力，所能达到的成就也是有限的。想要真正成就伟大的事业，就必须借到另一种“他力”，即超越人智的、天的力量。但是，要借到这种他力，依靠充满私利私欲的利己之心是不行的，必须依靠“与人为善”的美好的利他之心。

“我啊，我啊”的利己之心，就像有很多破洞的风帆一样，即便有他力之风吹来，布满破洞的风帆也无法借助风力带动船只前进。而与此相反，基于善的“思维方式”的风帆，就能充分地借助强大的他力之风。

我认为，持有善的“思维方式”，就是扬

起接受他力之风的风帆，就是将自己的心灵磨炼得更加美好的行为。

这里的风帆，表示当事人的“思维方式”带来的心态，只要摒弃利己的欲望，用与人为善的美好心灵扬起人生的风帆，就自然能借助这个世界上吹拂的、伟大而神秘的力量。

读者诸君，请一定持有善的“思维方式”，从而赢得另一种他力之风，让自己一帆风顺，度过自己幸福美好的人生。